# 监理工程师操作实务与资料管理

徐先耀　编著

中国建筑工业出版社

**图书在版编目（CIP）数据**

监理工程师操作实务与资料管理/徐先耀编著. —北京：中国建筑工业出版社，2014.8

ISBN 978-7-112-16668-8

Ⅰ.①监… Ⅱ.①徐… Ⅲ.①建筑工程-监理工作②建筑工程-技术档案-档案管理 Ⅳ.①TU712②G275.3

中国版本图书馆CIP数据核字（2014）第064661号

本书按照最新国家标准《建设工程监理规范》GB/T 50319—2013、《建设工程施工合同（示范文本）》GF-2013-0201等内容编写而成。全书共分为5章，包括监理规范及相关文件解读、现场监理工作实务、监理资料的编写要求、监理用表的填写与监理资料管理、监理工作常见问题及处理，内容简明扼要，可操作性强。本书可供广大工程监理人员、相关研究人员、高校师生学习、参考使用。

责任编辑：范业庶　王砾瑶
责任设计：董建平
责任校对：李美娜　党　蕾

**监理工程师操作实务与资料管理**
徐先耀　编著

*

中国建筑工业出版社出版、发行（北京西郊百万庄）
各地新华书店、建筑书店经销
北京红光制版公司制版
北京云浩印刷有限责任公司印刷

*

开本：787×1092毫米　1/16　印张：14¼　字数：356千字
2014年7月第一版　2014年7月第一次印刷
定价：**35.00**元

ISBN 978-7-112-16668-8
（25482）

# 前　言

建设工程监理制度的推行和发展、完善，为我国工程建设规范化管理提供了社会专业监理的服务平台，也为各行各业的投资方提供了高效的工程项目监管机制。随着监理事业的不断发展，建设工程法律法规、建设工程监理规范、工程技术标准、规范的更新、补充、完善，广大投资业主、整个社会和主管部门对监理的要求和期望值也越来越高。本书编者，把自己数十年工程建设的管理经验，尤其是近20年监理制度推行和发展阶段的工作经验和潜心研究的成果，奉献给监理同仁以及广大建设领域从事工程项目管理实践与研究的人员，以及关心监理事业的人们，提供一些参考和借鉴。

《监理工程师操作实务与资料管理》从两方面进行编写，第一方面为1～3章，对新版《建设工程监理规范》GB/T 50319—2013的要点解读、《建设工程施工合同（示范文本）》GF-2013-0201与监理相关联的内容作了简明扼要的解说，并且把监理规划的编写要求以及总监的工作方法与道德修养等监理工作实践的指导性文件，多方位地展现在读者面前。第二方面为4、5章，包括监理资料与监理用表以及监理工作常见问题及处理。把在监理企业内部对监理人员进行培训的《监理资料的管理工作》（培训提纲）和《监理现场用表》的使用说明和注意事项，汇编到一起。简要讲述了监理资料工作的重要性，资料管理工作的依据、方法和要求。监理工作用表包括（《监理现场用表》、施工质量验收资料、《江苏省现场项目监理机构工作评价标准》）监理资料的主要内容与管理，监理资料工作的方法与技巧等。书内《监理现场用表》的使用说明与注意事项是在《江苏省建设工程施工阶段监理现场用表（第四版）》5年使用经验的基础上，结合《建设工程监理规范》GB/T 50319—2013和《江苏省建设工程施工阶段监理现场用表（第五版）》进行编写的，分别编制了40张《监理现场用表》的"使用说明与注意事项"，既符合新监理规范、新省标要求，又具有实际可操作性。

本书在编写过程中，得到江苏省经纬建设监理中心领导和有关同志的大力支持，尤其是孙中总经理在百忙中从出书构想，到书稿编辑进程、书稿内容都给予了大力支持与鼓励，提出了许多宝贵意见；许荣同志对书稿认真进行了审核与校对；在编书过程中，始终得到中国建筑工业出版社范业庶同志的热情帮助与指导；在此一并表示衷心的感谢！谨以此书献给广大监理同行，同时向具有中国特色的监理事业创新发展25周年献礼！

本书虽然反映和总结了长期从事监理的工作经验和研究成果，但仍难免有其局限性，加上编写时间仓促，水平有限，书中有不妥之处，欢迎广大读者批评指正。

2013年12月

# 目　录

## 第1章　监理规范及相关文件解读



## 第2章　现场监理工作实务

## 第3章 监理资料的编写要求



## 第4章 监理用表的填写与监理资料管理

## 第5章　监理工作常见问题及处理

# 第1章　监理规范及相关文件解读

## 1.1《建设工程监理规范》GB/T 50319—2013要点解读

自2014年3月1日起实施的《建设工程监理规范》已公开发行。此前，中国建设监理协会组织新规范编写组成员，于2013年7月至2013年8月，在全国共举办了五场《建设工程监理规范》GB/T 50319—2013（下文简称“新监理规范”）应用指南讲座，对推动修订后的新规范执行起到巨大作用。全国奋战在工程建设第一线的广大监理工作者将在实践中认真学习贯彻，并且从指南中得到更大的帮助。本节内容是作者长期从事监理工作的实践体会以及在执行《建设工程监理规范》GB 50319—2000（以下简称“原监理规范”）的基础上，选择了一些新旧规范变化较大之处作解读与点评，供同行们参考（以新规范目录依次解读）。

1. 总则

（1）新规范增加了相关服务的概念，并在第9章作了具体阐述。根据国家发展改革委、建设部《关于印发〈建设工程监理与相关服务收费管理规定〉的通知》（发改价格[2007] 670号）文件规定，施工阶段的监理工作应提供工程质量、进度、费用控制管理和安全生产监督管理以及合同、信息等方面协调管理的基本服务，并以此项服务内容明确了相关收费标准。同时又提及如发包人有勘察、设计及保修等相关服务的需求，则应在委托合同中约定相关服务的范围、内容、服务期限和酬金等相关条款。新规范在增加的第9章中具体提出了相关服务的工作内容和要求。

（2）新监理规范明确了工程监理的主要依据是：法律法规及工程建设标准；建设工程勘察设计文件；建设工程监理合同及其他合同文件。

（3）有两项为原监理规范的保留内容：

1）建设工程应实行总监理工程师负责制。

2）在建设工程监理工作范围内，建设单位与施工单位之间涉及施工合同的联系活动，应通过工程监理单位进行。

（4）在监理服务原则上稍作调整，明确“工程监理单位应公平、独立、诚信、科学地开展建设工程监理与相关服务活动”。

2. 术语

（1）新监理规范术语中前3条为新增加的内容，即工程监理单位、建设工程监理、相关服务。在新规范的应用指南中，特别解释了工程监理单位的性质“是受建设单位委托为其提供管理和技术服务的法人或经济组织。工程监理单位不同于生产经营单位，既不直接进行工程设计和施工生产，也不参与施工单位的利润分成”。并进一步指出，“工程监理属于咨询服务行业，只是为建设单位提供管理和技术服务，不直接进行设计和施工，不是建筑产品的生产经营单位，因此，工程监理单位不对建筑产品质量、生产安全承担直接责任”。这种对监理的说明与解释，既符合国际惯例，又符合我国新中国成立以来的工程建设实际，更符合《建筑法》、《建设工程质量管理条例》、《建设工程安全生产管理条例》等法律法规，是具有中国特色监理制度的权威概念。

（2）总监理工程师代表、专业监理工程师、监理员，关于总监理工程师代表的任职资格，新规范作了说明：“具有工程类注册资格或具有中级及以上专业技术职称、3年及以上工程实践经验并经监理业务培训的人员”。本条对总监理工程师代表的任职资格作了重新规定，考虑到工程监理的实际需求，总监理工程师代表可由具备一定资格的非注册监理工程师担任，改变了目前工程建设领域国家注册监理工程师数量远远少于实际工程项目数量，有的主管部门和建设单位不切实际地要求“每个工程项目的总监理工程师和总监理工程师代表必须由注册监理工程师担任，而且只能担任一个项目的总监或总代”，否则就要给予亮黄牌和相关处罚。

专业监理工程师：“由总监理工程师授权，负责实施某一专业或某一岗位的监理工作，有相应监理文件签发权，具有工程类注册执业资格或具有中级及以上专业技术职称、2年以上工程实践经验并经监理业务培训的人员”。

此前对于总监和专业监理工程师不切实际的要求后果是：迫使全国几乎所有的监理单位不得不弄虚作假，挂证、代签字等违规行为泛滥，如此混乱局面不但影响了实际工程监理效果，也严重损害了监理事业的信誉，滋生并助长了工程领域弄虚作假的不良风气，妨碍了监理要求施工单位人员必须持证上岗的正当要求，大大削弱了监理人的权威。新监理规范彻底解决了困惑监理行业多年的一大难题，这是与时俱进的创新改革。其实原监理规范对总监代表和专业监理工程师任职资格的规定也是十分明确的，并没有要求一定要取得注册资格。现在新监理规范从我国20多年监理事业的发展和实际情况出发，作出更明确合理的规定，应当是理性回归，有利于监理企业的规范化管理和创新发展。

关于监理员，新监理规范作如下定义：“从事具体监理工作，具有中专及以上学历并经过监理业务培训的人员”。有个别监理单位，把无专业学历的人员招聘到现场监理第一线，缺乏专业知识，很难胜任监理工作。

（3）工程计量，新监理规范明确：“根据工程设计文件及施工合同约定，项目监理机构对施工单位申报的合格工程的工程量进行的核验”，原监理规范只是指“已完成的工程量”，目前这一概念使监理对工程质量的控制目标和手段更加完善。

（4）见证取样，新监理规范全面界定了监理机构见证取样的范围，是“对施工单位进行的涉及结构安全的试块、试件及工程材料现场取样、封样、送检工作的监督活动”。实践时应当结合各地实际情况和行业标准执行。

（5）新监理规范增加了工程延期与工程延误的说明，延期是指“非施工单位原因造成合同工期延长的时间”，而延误则是“由于施工单位自身原因造成工期延长的时间”。监理机构在监理过程中依据上述概念，就能恰当处理好施工进度计划审批、工期延误、延期索赔等。

3. 项目监理机构及其设施

（1）新监理规范关于监理机构的一般规定，对监理机构的组织形式和规模、人员结构、任职资格、数量基本与原规范一致，只是对调换总监理工程师和专业监理工程师有进一步明确规定："调换总监理工程师时，应征得建设单位书面同意；调换专业监理工程师时，总监理工程师应书面通知建设单位。"

(2) 在监理人员职责中，新监理规范中总监理工程师职责有15项，比原监理规范多两项。主要变化之处是：1) 原岗位职责中审查分包单位资质改为审查分包单位资格，一字之差，表明分包单位在具有相应资质的同时，还应具备相应业绩。2) 增加了"组织检查施工单位现场质量、安全生产管理体系的建立和运行情况"。3) 职责明确了总监理工程师组织分部工程验收，审查施工单位的竣工申请，组织工程竣工预验收，组织编写工程质量评估报告，参与工程竣工验收。比原监理规范更清晰、系统、明了。4) "参与或配合工程质量安全事故的调查和处理"。比原监理规范增加了"安全事故的调查和处理"，而且由"主持和参与"更改为"参与或配合"，把发生质量安全事故的"责任主体"和"主持调查和处理的责任主体"，从以监理为主体划分出来，是一个原则性的重大突破，也是与工程监理单位的性质、定位及法律、法规是一致的，更符合实际。

(3) 关于总监理工程师不得委托给总监理工程师代表的工作，新监理规范从原来的5项，增加到8项。增加的3项分别为"组织审查施工组织设计、专项施工方案"，"审查施工单位的竣工申请，组织工程竣工预验收，组织编写工程质量评估报告，参与工程竣工验收"，"参与或配合工程质量安全事故的调查处理"，并且在原监理规范包括的"审核签认竣工结算"前增加了"签发工程款支付证书"。这样的补充、修改，更加体现了总监理工程师负责制的原则，即总监在事关质量、进度、造价及安全监管方面的权力、职责与责任的不可转让。

(4) 新监理规范在专业监理工程师的职责中作了调整，增加3条内容："参与审查分包单位资格"，"处置发现的质量问题和安全事故隐患"，"参与工程竣工预验收和竣工验收"，其他相关内容也作了相应的补充。这样，就丰富和充实了专业监理工程师的岗位职责，加强了专业监理工程师的工作力度。

(5) 关于监理员的工作职责，监理规范作了适当调整。增加了"进行见证取样"的内容，删除了原规范"担任旁站工作"和"做好监理日记和有关的监理记录"内容。如此改法，非常符合现场监理工作实际。目前在监理组织机构中担任监理员职务的大多是参加工作不久的年轻人，往往很难胜任"关键部位、关键工序"的旁站工作，他们缺乏工作经验，在需要旁站的部位和工序施工时，难以及时发现、判断质量安全隐患或是否违规施工，弄不好失去了监理跟踪旁站的意义。一般情况下由有一定实践经验的专业监理工程师担任旁站工作较好。同样，"组织编写监理日志，参与编写监理月报"，在新监理规范中由专业监理工程师编写也更合适，有利于监理水平的整体提升。当然，在专业监理工程师指导下，监理员也可以从事上述工作。

(6) 关于"监理设施"，新监理规范没有像原监理规范那样，把"计算机辅助管理"纳入监理设施中，考虑到当前计算机管理已经普及，且在新监理规范的总则中已经有1条"建设工程监理宜实施信息化管理"，所以没有必要再列入必备设施。

4. 监理规划及监理实施细则

(1) 新监理规范规定的关于监理规划的编制、报送建设单位的时间及编审程序，与原监理规范基本一致。只是把总监"主持"改为"组织"编制。

（2）监理规划的编制内容，新规范把监理工作的基本任务——工程质量控制、工程造价控制、工程进度控制、安全生产管理的监理工作以及合同与信息管理，作为单项专题列出，使监理规划的编制内容统一、规范化，便于监理组织机构参考运用。

（3）对监理细则的编制，原监理规范要求“对中型以上或专业性较强的工程项目，项目监理机构应编制监理细则”，本次修改，突出强调了“专业性较强”和“危险性较大的分部分项工程”，比如无论工程规模大小，幕墙工程、节能工程、深基坑工程、起重吊装工程、高大模板支撑工程专业性较强、危险性较大的分部分项工程等，都应当编制监理实施细则。

（4）在监理实施细则的主要内容方面，新监理规范把原监理规范第3条“监理工作的控制要点及目标值”改为“监理工作要点”，更为合适。因为无论质量还是安全，监理都应有自己的监理工作要点，质量控制目标也是建立在施工承包合同和施工单位的目标之上，安全则是对施工单位的安全生产管理的监理工作，监理不能也无法控制施工单位的安全生产目标。

监理工作范围一般应为监理合同内业主需要服务的范围，监理工作内容应与《建设工程监理合同（示范文本）》GF-2012-0202的内容一致，监理工作目标基本与施工承包合同中业主与承包商约定的工程目标一致。

5. 工程质量、造价、进度控制及安全生产管理的监理工作

（1）新监理规范第5章将原监理规范第5章内容在标题中就明朗化，紧扣监理工作主题，“工程质量、造价、进度控制及安全生产管理的监理工作”。这次把工地例会改称“监理例会”，突出了在施工现场监理代表建设单位组织管理的主导地位。新监理规范对工程开工前的第一次工地会议作了具体分工，监理人员应参加“第一次工地会议，会议纪要应由项目监理机构负责整理，与会各方代表应会签”。新监理规范也明确了监理例会和专题会议的职责分工。

（2）新监理规范明确了监理机构审查施工组织设计的基本内容有5个：

1）编审程序应符合相关规定。

2）施工进度、施工方案及工程保证措施应符合施工合同要求。

3）资金、劳动力、材料、设备等资源供应计划应满足工程施工需要。

4）安全技术措施应符合工程建设强制性标准。

5）施工总平面布置应科学合理。

（3）有关工程质量和安全生产的专项施工方案的审查内容各有2个：

1）编制程序应符合规定。

2）工程质量保证措施应符合有关标准，安全技术措施应符合工程建设强制性标准。

这样规定有利于提高监理机构工作效率和规范化水平。新监理规范还规定了监理机构签发工程开工令的条件和审核分包单位资格的内容，基本与原监理规范一致。

（4）开工令的审批，是在有业主参与审查的施工单位开工报审表的基础上进行的。

1）设计图纸已经过审图，设计交底和图纸会审已完成。

2）施工组织设计已由总监理工程师签认。

3）施工单位现场质量、安全生产管理体系已建立，管理及施工人员已到位，施工机械具备使用条件，主要工程材料已落实。

4）进场道路及水、电、通信等已满足开工要求。

（5）审查分包单位资格条件应符合新规范5.1.10条的4条规定。

1）营业执照、企业资质等级证书。

2）安全生产许可文件。

3）类似工程业绩。

4）专职管理人员和特种作业人员的资格。

（6）新监理规范在质量控制中对材料、构配件、设备的质量保证资料以及进场的工程材料的见证取样和平行检验以及对工程质量的现场巡视、旁站都作了明确规定；对工序验收、隐蔽工程、检验批、分项工程、分部工程验收都有明确的要求。新监理规范对现场巡视的主要内容有以下明确规定：

1）施工单位是否按工程设计文件、工程建设标准和批准的施工组织设计、（专项）施工方案施工。

2）使用的工程材料、构配件和设备是否合格。

3）施工现场管理人员，特别是施工质量、安全管理人员是否到位。

4）特种作业人员是否持证上岗。

以上巡视内容，包括质量、安全都适用，也适用于旁站。无论巡视、旁站，发现有违规施工或质量安全隐患，监理都应当及时要求施工单位整改。

（7）工程造价与进度的控制内容与原监理规范没有较大的变化。

（8）本章中增加了1项“安全生产管理的监理工作”，删除1项“工程质量保修期的监理工作”。与2000年的原监理规范相比，这符合近年来的国家政策变化。施工安全生产管理的监理工作职责，应当严格按照《建设工程安全生产管理条例》第14条的规定和程序执行。对危险性较大的分部分项工程安全生产管理的监督管理（监理），应按住房城乡建设部87号文件执行。新规范多处提出“安全生产管理的监理工作”，即在施工阶段：对施工单位的安全生产管理工作进行监督管理，而不是直接组织或负责安全生产。现场监理机构的安全生产监理职责已经十分明确。

关于保修期的监理工作，这次新监理规范单列1章，按照发改价格［2007］670号文件规定，与勘察设计的前期工作一样，不在施工阶段的监理工作范围。如果建设单位有需求，则应在委托监理合同中另行商定工作范围和酬金，该工作内容属于相关服务范畴。

6. 工程变更、索赔及施工合同争议处理

（1）本章对工程暂停及复工的条件有具体规定。在发现下列情况之一时，总监理工程师应及时签发工程暂停令：

1）建设单位要求暂停施工且工程需要暂停施工的。

2）施工单位未经批准擅自施工或拒绝项目监理机构管理的。

3）施工单位未按审查通过的工程设计文件施工的。

4）施工单位违反工程建设强制性标准的。

5）施工存在重大质量、安全事故隐患或发生质量、安全事故的。

在执行暂停令的过程中，实际操作时有的总监理工程师存在以下误区：①什么情况下该签发暂停令，上述5条很清楚。应根据产生停工原因的具体情况、影响范围、影响程度，确定停工范围，并提出相应要求。②规范要求总监理工程师签发工程暂停令应事先征得建设单位同意，在紧急情况下未能及时报告时，应在事后向建设单位作出书面报告。许多情况下，事先完全得到建设单位同意不是那么容易。有的总监会感到束手无策，甚至无所适从。应掌握以下几个原则：在符合上述5条的前提下，不暂停施工，工程将无法正常进行时；除突发事件外，监理应做到有理有节，事先造好舆论，提出警告，让建设、施工单位有思想准备；签发暂停令时，应同时抄报建设单位一份，而不是事后再报告。这样就不会捆住手脚。当然，暂停施工，也只是局部的停工整改，如果要求大面积整体停工，则必须事先征得建设单位书面同意。

（2）在处理工程变更和费用索赔问题时，新监理规范分别就施工单位和建设单位提出变更、索赔的依据、监理机构的审查程序、方法做了明确的规定。对施工单位提出的索赔应当同时满足下列条件：1）施工单位在施工合同约定的期限内提出费用索赔；2）索赔事件是因非施工单位原因造成，且符合施工合同约定；3）索赔事件造成施工单位的直接经济损失。

（3）工程延期与延误

项目监理机构批准工程延期应同时满足下列条件：

1）施工单位在施工合同约定的期限内提出工程延期。

2）因非施工单位原因造成工程进度滞后。

3）施工进度滞后影响施工合同约定的工期。

发生工期延误时，项目监理机构应按施工合同约定进行处理。

7. 监理文件资料管理

（1）监理文件资料的管理，其内容基本与原监理规范相同，只作了一些调整与合并，新规范对监理日志、监理月报的主要内容作了具体规定。

（2）要求监理机构应建立完善的监理文件资料管理制度，应及时、准确、完整地收集、编制、传递、整理、汇总监理文件资料，并应按规定组卷，形成监理档案；宜采用信息技术进行监理文件资料管理。

（3）监理机构应根据工程特点和有关规定保存监理档案，并向有关单位、部门移交需要存档的监理文件资料。

8. 设备采购与设备监造

详见新监理规范条文。

9. 相关服务

相关服务这一章，是依据国家发展改革委、建设部《关于印发〈建设工程监理与相关服务收费管理规定〉的通知》（发改价格［2007］670号）精神制定的新增规定。通常所称的施工监理服务内容及相应的收费标准，是指施工阶段的监理服务。如果建设单位有需要，工程勘察设计阶段和保修阶段的服务，则应在建设工程监理合同内约定，并商定相应的服务费用。

10. 表格应用解读

本次修订版《建设工程监理规范》的表格格式有重大变化。

（1）将工程监理单位用表编号为A，施工单位用表编号为B，通用表编号为C（各方通用表）。

（2）根据《建设工程监理规范》GB/T 50319—2013应用指南的指导意见，在使用新规范监理用表时因遵循下列原则：

1）各类用表，应建立统一的编码体系，应连续编号，不得重号、跳号。

2）各类表的签发、报送、回复应依据合同、法律、法规、规范标准规定的程序和时限进行。

3）填写各类表应使用规范语言、法定计量单位，公历年、月、日，相关人员签字栏均须由本人签署。施工单位提供的附件应加盖骑缝章。

4）各类表中的施工单位项目经理部和项目监理机构用章都应在另外两方备案。

5）在监理用A表中，凡是有总监理工程师（签字、加盖执业印章）的都应由总监签字并加盖执业印章。

6）对于各类表中涉及工程质量的附表、质量验收表应按专业、行业验收规范、标准的相关表式要求办理。

（3）新监理规范增加了表A.0.4监理报告，即按照《建设工程安全生产管理条例》第14条的监理职责，当在监理过程中发现安全事故隐患，监理签发要求整改的通知单、暂停令，施工单位未整改或停工时，监理应当向当地主管部门报告。

（4）在表B.0.2工程开工报审表中新监理规范增加的内容明显之处，除总监签字、加盖执业印章和监理机构印章外，还有一栏建设单位代表签字、盖建设单位印章，说明建设单位应准备的工作已经完成，满足基本开工条件；工程款支付报审表表B.0.11，费用索赔报审表表B.0.13，工程临时或最终延期报审表表B.0.14，除总监签批外，也增加了建设单位代表签字栏。与原监理规范相比，以上修改明确表示，在需要作出重大认定的问题上，建设单位代表具有不可忽视和替代的权力与责任，应当充分尊重建设单位，监理切不可越权、越位。

11.《建设工程监理规范》与《建设工程监理合同（示范文本）》相关事项

（1）在编制监理规划时，应注意监理工作范围、内容、目标与《建设工程监理合同》一致。监理工作内容，除专用条件另有约定外，监理工作内容应包括《建设工程监理合同（示范文本）》GF-2012-0202 2.1.2中的22条内容。

（2）监理机构的人员配置与使用、履行职责，除应符合监理规范要求外，还应符合工程监理合同中的相关要求。监理人应当更换不称职的监理人员，监理人发现承包人的人员不能胜任本职工作的，有权要求承包人予以调换。

（3）在工程监理合同中的“委托人意见和要求”中规定，“在本合同约定的监理与相关服务工作范围内，委托人对承包人的任何意见或要求应通知监理人，由监理人向承包人发出相应指令”。这与工程建设监理规范中总则的相关条文是一致的。

（4）工程建设监理合同专用条件中的3.6条“答复”中，双方应约定答复时限。而在合同通用条件3.6条中明确规定：“委托人在专用条件约定的时间内，对监理人以书面形式提交并要求作出决定的事宜，给予书面答复，逾期未答复的，视为委托人认可”。

## 1.2 《建设工程施工合同（示范文本）》GF-2013-0201与监理相关内容

2013年7月11日、12日，江苏省住房城乡建设厅组织了有全省建设行政主管部门、部分施工单位、监理单位的管理人员，对新改版的《建设工程施工合同（示范文本）》作了宣讲。现将与监理工作直接有关的情况通报如下：

1. 为规范建筑市场程序，维护建设工程施工合同当事人的合法权益，住房和城乡建设部、国家工商行政管理总局组织力量对1999年的版本进行了修订，并于2013年4月3日联合发出通知，要求新的《建设工程施工合同（示范文本）》GF-2013-0201自2013年7月1日起执行。

2. 应注意新《建设工程施工合同（示范文本）》（以下简称新施工合同）与《建设工程监理规范》发布单位的两个区别：新施工合同是由住房和城乡建设部与工商行政管理总局联合颁发，而《建设工程监理规范》是由住房和城乡建设部与国家质量监督检验检疫总局联合颁发。国家质量监督检验检疫总局是由国家出入境检验检疫局与国家质量技术监督局合并而成，中国国家标准化管理委员会隶属国家质量监督检验检疫总局，负责标准化制定工作。新施工合同不属于国家标准，而《建设工程监理规范》属于国家标准范畴。

3. 修订新施工合同的背景，从1999年版至今已经13个年头，在此期间国家出台了许多法律、法规和一系列部门规章；与当前的项目管理模式相适应。我国目前的工程承包形式有：施工总承包、工程总承包、直接发包、暂估价发包等形式；与市场发展的适应性、与交易习惯的适应性等方面，原合同均显不足。

4. 作为监理人，合同管理是基本职责之一。应当了解和掌握相关知识，才能主动协助业主搞好合同管理。施工合同的三个组成部分：(1) 合同协议书；(2) 通用合同条款；(3) 专用合同条款。

合同文件构成：

(1) 协议书；(2) 中标通知书（如果有）；(3) 投标函及附录（如果有）；(4) 专用条款及附件；(5) 通用合同条款；(6) 技术标准和要求；(7) 图纸；(8) 已标价工程量清单或预算书；(9) 其他合同文件；在合同订立及履行过程中形成的与合同有关的文件均构成合同文件组成部分。

上述各项合同文件包括合同当事人就该项合同文件所作出的补充和修改，属于同一类内容的文件，应以最新签署的为准。专用合同条款及其附件须经合同当事人签字或盖章。按照合同法第52条第5款，如果合同条款违背法律、法规或违背当事人一方意志签订的合同则无效。

5. 监理人对新施工合同中以下事项需要了解：

(1) 通用合同条款第4条规定：关于监理人相关问题的表述：发包人应在专用合同条款中明确监理人的监理内容及监理权限等事项。监理人应根据发包人授权及法律规定，代表发包人对工程施工相关事项进行检查、查验、审核、验收，并签发相关指示，但监理人无权修改合同，且无权减轻或免除合同约定的承包人的任何责任与义务。

(2) 除专用条款另有规定外，监理人在施工现场的办公场所、生活场所由承包人提供，所发生的费用由发包人承担。

(3) 监理人应将总监理工程师的姓名及授权范围以书面形式提前通知承包人。更换总监理工程师的，监理人应提前7天书面通知承包人；更换其他监理人员，监理人应提前48小时书面通知承包人。

(4) 监理人的指示应采用书面形式，并经其授权的监理人员签字。紧急情况下，为了保证施工人员的安全和避免工程受损，监理人员可以口头形式发出指示，该指示与书面形式的指示具有同等法律效力，但必须在发出口头指示后24小时内发出书面监理指示，补发的书面监理指示应与口头指示一致。

（5）承包人对监理人发出的指示有疑问的，应向监理人提出书面异议，监理人应在48小时内对该指示予以确认、更改或撤销，监理人逾期未回复的，承包人有权拒绝执行上述指示。

（6）监理人对承包人的任何工作、工程或其采用的材料和工程设备未在约定的或合理期限内提出意见的，视为批准，但不能免除或减轻承包人对该工作、工程、材料、工程设备等应承担的责任和义务。

（7）新合同协议书第3.3.4条规定除专用条款另有约定外，承包人的主要施工管理人员离开施工现场每月累计不超过5天的，应报监理人同意；离开施工现场每月超过5天的，应通知监理人，并征得发包人书面同意。主要施工管理人员离开施工现场前应指定一名有经验的人员临时代行其职责，该人员应具备履行相应职责的资格和能力，且应征得监理人或发包人的同意。

（8）承包人擅自更换主要施工管理人员，或前述人员未经监理或发包人同意擅自离开施工现场的，应按照专用合同条款约定承担违约责任。

（9）通用合同条款第5.3条规定：承包人应当对工程隐蔽部位进行自检，并经自检确认是否具备覆盖条件；承包人在隐蔽工程隐蔽前48小时书面通知监理人共同检查、验收，并应附有自检记录和必要的基础资料。经监理人检查确认质量符合隐蔽要求，并在验收记录上签字后，承包人才能进行覆盖。监理人不能按时进行检查的，应在检查前24小时向承包人提出书面延期要求，但延期不能超过48小时。由此导致工期延误的，工期应予以顺延。监理人未按时进行检查，也未提出延期要求的，视为隐蔽工程验收合格，承包人可以自行完成覆盖工作，并作相应记录报送监理人，监理人应签字确认。监理人事后对检查记录有疑问的，可按以下程序处理。

承包人覆盖工程隐蔽部位后，发包人或监理人对质量有疑问的，可要求承包人对已覆盖的部位进行钻孔探测或揭开重新检查，承包人应遵照执行，并在检查后重新覆盖恢复原状。经检查证明工程质量符合合同要求的，由发包人承担由此增加的费用和（或）延误的工期，并支付承包人合理的利润；经检查证明工程质量不符合合同要求的，由此增加的费用和（或）延误的工期由承包人承担。

6. 关于缺陷责任期与保修期问题：

缺陷责任期：自竣工日期起计算，合同当事人应在专用合同条款约定缺陷责任期的具体期限，但该期限最长不超过24个月。缺陷责任期是发包人预留质量保证金的期限，最多不超过2年，自工程实际竣工日期起计算（有关缺陷责任期、保修期及质量保证金和违约责任的处罚问题，见通用合同条款第15、16条的详细规定）。

质量保修期：通常保修期是指承包人按照合同约定对工程承担保修责任的期限，从工程竣工验收合格之日起计算。根据《房屋建筑工程质量保修办法》的规定，在正常使用情况下，房屋建筑工程的最低保修期限为：

（1）地基基础和主体结构工程，为设计文件规定的该工程的合理使用年限；

（2）屋面防水工程、有防水要求的卫生间、房间的外墙面的防渗漏为5年；

(3) 供热与供冷系统，为2个采暖期、供冷期；

(4) 电气系统、给水排水管道、设备安装为2年；

(5) 装修工程为2年；其他项目的保修期限由建设单位和施工单位约定。

7. 关于质量要求、隐蔽工程检查、工期延误、临时设施、工程变更、工程款支付、结算等，都可以在合同专用条款中由当事人协商约定。

8. 关于开工审批问题：新《建设工程施工合同示范文本》与《建设工程监理规范》是一致的，合同文本要求计划开工7天前，经发包人同意后由监理人发出开工通知，新监理规范用表是由施工单位出具开工报审表，同时必须有建设单位签字盖章后，总监理工程师再签发开工令。

9. 关于工程量清单计算错误的修正问题：除专用条款另有约定外，发包人提供的工程量清单，应被认为是准确的和完整的。出现下列情形之一时，发包人应予以纠正，并相应调整合同价格。

(1) 工程量清单存在缺项、漏项的；

(2) 工程量清单偏差超出专用合同条款约定的工程量偏差范围的；

(3) 未按国家现行计量规范强制性规定计量的。

10. 其他有关新工程施工合同示范文本的内容，监理人在施工单位进入施工现场后，应当尽快熟悉、了解施工合同的各项条款内容，结合实际工程情况，主动进行以承包合同为依据之一的工程监理。

# 第2章　现场监理工作实务

## 2.1　工程材料质量监理

对工程材料的质量控制，是施工阶段工程质量控制的重要环节，是工程质量、安全和满足使用功能的必要保证，也是监理工作的基本任务之一。《建筑法》、《建设工程质量管理条例》和江苏省住房城乡建设厅168号文等一再强调：未经监理工程师验收和签字，建筑材料、建筑构配件和设备不得在工程上使用或者安装。反之，如果监理把不合格的材料、构配件和设备当作合格签字并用到工程中的，将作为不良行为受到处罚，给工程造成损失的应当依法承担相应法律责任。《建设工程质量管理条例》第37条规定：未经监理工程师签字，建筑材料、建筑构配件和设备不得在工程中使用或者安装，施工单位不得进行下一道工序的施工。

2011年6月，国家质检总局等九部委联合下发文件，部署建材市场的专项整治工作，其中钢筋、隔热保温材料等作为重点，查处和打击不符合国家标准、以次充好等违法违规问题。

现在，由于施工单位分包、挂靠现象加剧，有的业主片面降低和压缩工程造价，使得监理对材料质量控制的难度加大。甚至有的施工企业弄虚作假，在报验合格的大厂钢材中混入劣质小厂钢材并导致工程质量隐患和事故。现对施工现场工程材料控制中经常出现的问题进行分析，并就监理过程中如何做好材料控制工作提出要求。

### 2.1.1　施工现场工程材料控制中经常出现的问题

1. 材料报验不及时：有的混凝土已经浇筑完毕，混凝土结构内使用的钢筋检测报告还没有出来，是否合格还不知道；外墙节能保温材料已经开始铺贴，还没有抽样送检或已经送检，但是需要20天以后报告才能出来；主体结构施工时，室内隔墙已经砌筑至1～2层，拉结筋的抗拉拔试验报告还未做，植筋胶的产品合格证也没有检查；防水涂料或卷材已经在使用，现场复试检测报告还未出来……

2. 材料进场报验手续不全，资料不齐，如钢筋的产品合格证、质量证明书（出厂检验报告）和进场复验报告不全，产品合格证和质量证明文件（品牌、规格、批号、炉号）的复印件没有加盖原件存放单位印章，现场送检材料报告与现场实际使用的材料不符。用于结构或装饰装修工程的水泥没有出厂检验报告；或以购货单充当质量文件；单子上只有购货日期，没有出厂日期或包装日期；无水泥复试报告（含安定性检验）；袋装水泥的包装袋上没有生产日期。

3. 有的工地钢筋直螺纹连接接头没有型式检验报告或者检验报告已过期。

4. 有的材料检验只查主控项目，只重视强制性标准，不重视一般项目的质量要求

（允许偏差项目超限）。

5. 钢筋进场报验，对复试报告审查不严，检测报告只判定其结果是否符合《钢筋混凝土用钢　第1部分：热轧光圆钢筋》GB 1499.1—2008的质量规定，而没有根据项目的结构抗震等级按设计抗震要求［《建筑抗震设计规范》GB 50011第3.9条和《混凝土结构施工质量验收规范》GB 50204—2002（2010年版）第5.2.1、5.2.2条］检查强屈比和屈强比以及最大力下总伸长率是否符合规定。

6. 有的承包商，以场地小为由，把进场的钢筋拖出场外加工造成材料直径变小（所谓的瘦身钢筋）、材质变差。有的小厂钢筋进场后发现明显直径达不到国家标准要求；更有个别不法商家将回收的废钢材融化后轧成螺纹钢（俗称地条钢）以低价混到钢材市场，流入工地。

7. 有的电焊条没有出厂合格证，未经报验就用于钢材焊接；有的焊工没有操作证就进行影响结构安全的焊接操作；有个别施工人员将经监理在现场见证取样过的材料或焊接试件在送检测机构的途中偷偷调包；钻孔灌注桩施工时，个别不良承包商钻监理工序验收不严的空子，少放1～2节钢筋笼，严重的偷工减料行为给工程质量安全留下重大隐患。

8. 监理平行检验资料、旁站记录缺乏真实性，甚至弄虚作假，不能真实反映工程存在的实际问题。

### 2.1.2　材料控制的主要工作

《建设工程监理规范》在“5.2工程质量控制”中关于工程材料要求，“项目监理机构应审查施工单位报送的用于工程的材料、构配件、设备的质量证明文件，并按有关规定、建设工程监理合同约定，对用于工程的材料进行见证取样、平行检验”，“项目监理机构对已进场，经检验不合格的工程材料、构配件、设备，应要求施工单位限期将其撤出施工现场”。

1. 材料验收（事前控制）

（1）各工序使用的材料，监理人员应提前熟悉施工图纸，知道即将施工的工序需要哪些材料，要做哪些材料进场验收和复试工作，要提醒施工单位提前做好相应准备；要求施工单位事先提交材料检验、检测计划，还要在审查施工组织设计和施工方案的基础上，结合施工单位申报的检验批计划，做好各种材料的验收准备工作。需要见证取样送检的材料，按当地主管部门的规定执行。

（2）建筑工程材料、构配件、设备的质量控制主要工作包括：签订合同、生产过程驻厂监督、进场验收、见证取样送检、工序质量控制、分部分项和单位工程竣工验收，对有关材料、构配件、设备的安全和使用功能的进场复试报告（调试记录），以及其他原材料的质量保证资料及工序报验、隐蔽工程验收资料等的质量控制资料。

（3）签订合同阶段，监理要建议业主（并要求承包商）优先选择社会信誉好的品牌产品，特别是涉及安全和功能性的主要材料；小厂产品质量稳定性、可靠性差，会给工程质量控制带来较大难度和风险，特别是水泥、钢材、幕墙材料等。比如，小厂钢材容易出现钢筋直径不足，物理、化学性能不稳定，甚至有废铁水炼成的“地条钢”混入工地。这些情况，仅从外观是看不出来的。

（4）进场验收。材料、设备进场后，施工单位应当及时按规定的检验批填写好《工程材料、构配件、设备报审表》(监理规范用表),监理机构收到报审表后,应及时安排专业监理工程师和见证取样人员到现场,对照报审表所附清单,核对进场的材料(构配件)是否与报审清单上的内容相符合。包括有无相关出厂证明材料[即产品出厂合格证、质保书(出厂检验报告)、型式检验报告等],材料的规格、型号、品种、数量以及外观质量等是否符合要求。要仔细核对钢筋进场标牌(设备铭牌)上的各类技术参数是否与出厂质保书或检测证明(检测报告、合格证)相符。如果发现来料实体与提供的资料不符,或者外观质量很差,则应拒绝验收,并要求限期退场。钢材报验时,应同时要求施工单位提供所有钢材的"炉批号牌"复印件,并与所提供的质量保证书、出厂检验报告核对。进口材料、设备还应具有海关报关单、海关商检合格证明、原产地证明等文件,应当有中文标识。

(5) 如果上述验收合格,则应按有关技术标准规定,由施工单位的现场取样员(或是质检员)对工程中相关材料(节能材料、安装材料、幕墙等材料从其相应的规定)的试块、试件和材料,在见证人员的旁站下,现场取样并封样,封样的标志和标识上应标明工程名称、取样部位、取样日期、样品名称和数量,并由取样人员和见证人员签字。监理机构的见证人员应及时作见证取样台账(记录)。见证人员和取样人员应对试样的代表性和真实性负责。检测机构在接受检测任务时,应由送检单位填写检测委托单,监护送样的见证人员应在委托单上签字。

(6) 抽样送检后,监理机构应关注检测结果;施工单位应在材料使用前报告检测结果。严禁把不合格的材料用到工程中。

(7) 下列试块、试件和材料必须实施见证取样送检:

1) 用于承重结构的混凝土试块;

2) 用于承重墙体的砌筑砂浆试块;

3) 用于承重结构的钢筋及连接接头试件;

4) 用于承重墙的砖和混凝土小型砌块;

5) 用于拌制混凝土和砌筑砂浆的水泥;

6) 用于承重结构混凝土中使用的掺加剂;

7) 地下、屋面、厨卫间使用的防水材料;

8) 国家规定必须实行见证取样和送检的其他试件和材料。

2. 材料的事中控制

施工过程工序质量控制非常重要,它包括材料质量控制。即使材料验收质量完全合格,施工过程中如果没有按设计和规范要求认真进行操作,整个分部分项工程也可能不合格或出现质量事故。如钢筋安装位置偏差,受力钢筋间距超过规范允许偏差±10mm,排距±5mm,则属质量问题;柱子和大梁受力主筋,如果机械连接或者焊接不牢,就有可能出现重大质量、安全事故;混凝土结构施工及验收规范中强制性标准要求,应当全数检查受力钢筋的品种、级别、规格和数量,必须符合设计要求,防止串规、串级。所以我们在控制好材料质量的同时,还要严格把好工序质量关;这样才能充分发挥其设计功能。

3. 材料的事后控制

在分部工程和单位工程竣工验收前,监理机构应督促施工单位整理施工过程中材料及其半成品、成品的各类质保资料、复检复试报告是否齐全,如发现不足,则应查找原因,采取补救措施。

4. 必须强调

(1) 任何材料的进场复试都必须在外观检查合格、“三证”齐全的基础上进行，否则不得见证取样复试。

(2) 所有材料的进场检验、复试、使用，除必须符合规范中的强制性标准（主控项目）外，其他一般项目也应符合设计和技术规范、质量标准的要求，应在规范允许误差的范围内。

### 2.1.3　材料控制的具体要求（以主体结构材料和节能材料为例）

1. 主体结构材料

(1) 混凝土结构

1) 钢筋　钢筋进场应按现行国家标准《钢筋混凝土用钢　第1部分：热轧光圆钢筋》GB 1499.1—2008等的规定抽取试件作力学性能检验，其质量必须符合有关标准的规定。检查数量：按进场的批次和产品的抽样检验方案确定；检验方法：检查产品合格证、出厂检验报告和进场复验报告。

对有抗震设防要求的框架和斜撑结构，其纵向受力钢筋的强度，应满足设计要求；当设计无具体要求时，对一、二、三级抗震等级，检验所得的强度实测值应符合下列规定：

① 钢筋的抗拉强度实测值与屈服强度实测值的比值不应小于1.25。

② 钢筋的屈服强度实测值与屈服强度标准值的比值不应大于1.3。且钢筋在最大拉力作用下总伸长率实测值不应小于9%。检查数量：按进场的批次和产品的抽样检验方案确定。检验方法：外观及直径检查、检查进场复验报告。

③钢筋安装时，受力钢筋的品种、级别、规格和数量必须符合设计要求。检查数量：全数检查。

④严禁钢筋场外加工，防止钢筋“瘦身”（拉拔变细）调包（调换品种）。

钢筋复试检查数量：同一生产厂家、同一等级、同一品种、同一批号60t为一批，一次进场不足60t的也应作为一批抽样送检。

2) 水泥　水泥进场时，应对其品种、级别、包装或散装仓号、出厂日期等进行检查，并应对其强度、安定性及其他必要的性能指标进行复验，其质量必须符合现行国家标准《通用硅酸盐水泥》GB 175—2007等的规定。

当在使用中对水泥质量有怀疑或水泥出厂超过三个月（快硬硅酸盐水泥超过一个月）时，应进行复验，并按复验结果使用。

钢筋混凝土结构、预应力混凝土结构中，严禁使用含氯化物的水泥。检查数量：按同一生产厂家、同一等级、同一品种、同一批号且连续进厂的，袋装水泥不超过200t为一批，散装水泥不超过500t为一批，每批抽样不少于一次。

不同品种的水泥不得混用。

水泥购货日期不能代替出厂日期。供货单位随便填写的质量报告不能代替水泥厂的出厂检验报告。

3) 混凝土　商品混凝土应提供出厂合格证、混凝土配合比、水泥、外加剂、砂子、石子原材料的合格证、复试报告等。

(2) 钢结构

1）钢材　钢材、钢构件的品种、规格、性能等应符合现行国家产品标准和设计要求，进口钢材产品的质量应符合设计和合同规定标准的要求。检查数量：全数检查。检验方法；检查质量合格文件、中文标志及检验报告等。

2）焊接材料　焊接材料的品种、规格、性能等应符合现行国家产品标准和设计要求。检查数量：全数检查。检验方法：检查焊接材料的质量合格证明文件、中文标志及检验报告等。

3）连接用紧固标准件　钢结构连接用高强度大六角头螺栓连接副、扭剪型高强度螺栓连接副，钢网架连接用高强度螺栓、普通螺栓、铆钉、自攻钉、拉铆钉、射钉、铆栓（机械型和化学试剂型）、地脚螺栓等紧固标准件及螺母、垫圈等标准配件，其品种、规格、性能等应符合现行国家产品标准和设计要求。高强度大六角头螺栓连接副和扭剪型高强度螺栓连接副出厂时应分别随箱带有扭矩系数和检验轴力（预拉力）的检测报告。

检查数量：全数检查。检查方法：检查产品的质量合格证明文件、中文标志及检验报告等。

4）对属于下列情况之一的钢材，应进行抽样复验，其复验结果应符合现行国家产品标准和设计要求：①国外进口钢材；②钢材混批；③板厚等于或大于40mm，且设计有Z向性能要求的厚板；④建筑结构安全等级为一级，大跨度钢结构中主要受力构件所采用的钢材；⑤对质量有疑义的钢材。

（3）抗震结构对材料和施工质量的特别要求，应在设计文件上注明。对抗震结构的砌体、混凝土、钢结构用的各种材料要求，详见《建筑抗震设计规范》GB 50011—2010第3.9条。

2. 建筑节能材料

（1）根据公安部2011年3月14日公消［2011］65号通知要求："从严执行《民用建筑外保温系统及外墙装饰防火暂行规定》（公通字［2009］46号）第二条规定：民用建筑外保温材料采用燃烧性能为A级的材料；加强民用建筑外保温材料的消防监督管理。2011年3月15日起，各地受理的建设工程消防设计审核和消防验收申报项目，应严格执行本通知要求。凡建设有外保温材料的民用建筑，均应将外保温材料的燃烧性能纳入审核和验收内容。对已经审批同意的在建工程，如果建筑外保温采用易燃、可燃材料的，提前由政府组织有关主管部门督促建设单位拆除易燃、可燃保温材料；对已经审批同意但尚未开工的建设工程，建筑外保温采用易燃、可燃材料的，应督促建设单位更改设计、选用不燃材料，重新报审。"

监理机构应把公安部46号文及住房城乡建设部2012年12号文以及江苏省关于建筑节能材料的规定文件一起，作为书面报告的附件转发给业主，请业主征求建设和消防主管部门的明确意见后实施。各省、市、自治区根据当地自然条件和工程特点，并结合具体情况制定了相关规定，监理应当督促业主和施工单位认真执行。

（2）根据《建筑节能工程施工质量验收规范》GB 50411—2007的规定：

1）建筑节能包括墙体、幕墙、门窗、屋面、地面、采暖、通风与空气调节、空调与采暖系统的冷热源及管网、配电与照明、监测与控制共10个节能分项工程。

2）单位工程竣工验收应在建筑节能分部工程验收合格后进行。

3）设计变更不得降低建筑节能效果。当设计变更涉及建筑节能效果时，应经原施工图设计审查机构审查，在实施前办理设计变更手续，并获得监理或建设单位的确认。

(3) 建筑节能工程使用的材料、设备等，必须符合设计和国家有关标准的规定。严禁使用国家明令禁止使用与淘汰的材料和设备。

(4) 节能材料和设备进场后，监理机构应核查是否有出厂合格证、中文说明书及相关性能检测报告。定型产品和成套技术应有型式检验报告，进口产品应有商检报告。

(5) 用于节能工程的材料和设备应按《建筑节能工程施工质量验收规范》附录 A 及各单项节能工程的相应规范要求，在现场见证取样、送检复验。应按批准的节能施工方案，节能材料进场前，监理机构应根据当地检测部门的检测时间、出报告的周期要求施工单位提前进场，确保检测不合格的材料不得用于工程中。

(6) 监理机构应在编制监理规划时，编制节能工程监理方案或在节能工程施工前编制《节能工程监理实施细则》，其内容应包括审查施工单位的节能施工方案和节能分部分项工程的检验批计划，做好材料验收和分项工程、分部（子分部）工程的质量验收。

对各种工程材料的质量控制，是监理"三控"任务的重要组成部分，各监理机构都必须认真对待，严格把好工程材料质量关。要严格要求施工单位建立健全质量保证体系并监督其是否可靠运行，监理对材料质量的控制（验收、使用）负有不可推卸的责任。

现推荐一份材料见证取样送检台账：

**材料见证取样送检台账**

| 项目名称 | | | | | 建设单位 | | | | |
|---|---|---|---|---|---|---|---|---|---|
| 施工单位 | | | | | 监理单位 | | | | |
| 材料名称 | 规格 | 型号 | 检验批次 | 数量 | 送检日期 | 检测结果 | | 见证人 | 备注 |
| | | | | | | 日期 | 结果 | | |
| | | | | | | | | | |
| | | | | | | | | | |
| | | | | | | | | | |
| | | | | | | | | | |
| | | | | | | | | | |
| | | | | | | | | | |
| | | | | | | | | | |
| | | | | | | | | | |
| | | | | | | | | | |
| | | | | | | | | | |

使用说明：此表为参考样表，检测结果格内"日期"为检测报告日期，"结果"填写"合格"还是不"合格"。

## 2.2 审查施工单位《安全事故应急预案》的要求

通过现场检查发现，部分项目监理部在审查施工单位安全生产管理体系时，不知道如何审查《安全事故应急救援预案》，应当审查哪些内容，如何审查。有的预案明显不符合要求，监理也审批通过。

### 2.2.1 存在的主要问题

1.《安全事故应急救援预案》缺乏针对性，没有工程概况、特点的描述和重大危险源的分析，甚至该工程根本没有的安全事故危险源也罗列其中。

2. 施工方审批手续不全，缺编制人、审核人、审批人签字，缺施工单位印章。

(1) 没有安全事故应急救援组织人员名单及职责、联系方式，没有施工救援组织人员和附近救援机构（如医院、公安派出所、消防支队等）的联系电话。

(2) 救援组织名单与现场实际相关人员不符合。

3. 分包单位的救援预案或者组织机构名单，没有报总包单位认可，没有总包单位签字、盖章。

### 2.2.2 安全事故应急救援预案审查要求

现根据《中华人民共和国安全生产法》、《建设工程安全生产管理条例》和《江苏省建筑施工安全事故应急预案管理规定》，对安全事故应急救援预案审查要求如下：

1. 编制应急救援预案的范围：为了加强对建筑施工安全事故的防范，及时做好安全事故发生后的救援工作，尽量减少人员伤亡损失，凡从事土木工程、房屋建筑工程、线路管道和设备安装工程、建筑装饰装修工程的新建、扩建、改建和拆除等施工活动，施工单位都应当编制建筑施工安全事故应急救援预案。

2. 施工安全事故应急救援预案编制要求：应当根据建设工程施工的特点、范围，对施工现场易发生重大事故的部位、环节进行分析，制定施工现场安全事故应急救援预案。实行施工总承包的，由总承包单位统一组织编制。实行联合承包的，由承包方共同编制。分包单位的应急救援预案要经总包单位批准。工程总承包单位和分包单位要按照应急救援预案，各自建立应急救援组织或者应急救援人员，配备救援器材、设备，定期组织演练，并做好演练记录。

3. 建筑工程施工安全事故应紧急救援预案应包括以下内容：

(1) 建设工程的基本情况。含规模、结构类型、工程开工、竣工日期。

(2) 建筑施工项目经理部基本情况。含项目经理、安全负责人、安全员等姓名、证书号码等。

(3) 施工现场安全事故救援组织。包括具体责任人的职务、联系电话等。

(4) 救援器材、设备的配备。现场应急救援措施。

(5) 安全事故救援单位。包括建设工程所在市、县（区）医疗救护中心、医院的名称、电话、行驶路线等。

4. 建筑施工安全事故应急救援预案应当作为安全报监的附件报工程所在地的安监部

门备案。

5. 建筑施工安全事故应急救援预案应当告知现场施工作业人员。施工期间，其内容应当在施工现场显著位置予以公示。

6. 监理对《安全事故应急救援预案》程序性审查内容：安全事故应急救援预案应有编制人、审核人、批准人签字，批准人宜为施工单位的技术负责人，并盖施工单位印章。

7. 监理对《安全事故应急救援预案》符合性审查内容：预案应具有针对性，不要出现自相矛盾、张冠李戴的内容；预案应具有一定的深度，救援组织、救援器材设备配备、救援演练计划等应具有可操作性；危险性较大的施工作业（如深基坑、高支模、幕墙、钢结构等）和常见意外情况（如中暑、食物中毒、火灾、工伤事故等）应制定具体的应急救援措施。

8.《安全事故应急救援预案》一般附在《施工现场质量安全生产管理体系报审表》(B.0.3) 后申报，也可以单独申报。

9. 需要演练的项目，还要有演练记录。

### 2.2.3　安全生产事故发生后的监理工作

1. 工地发生安全生产事故后，监理应督促施工单位按有关规定及时、如实上报。实行总承包的，由总承包单位负责上报事故。

2. 发生等级以上安全事故后，监理应及时下达《工程暂停令》，要求施工单位采取措施，积极抢救伤员，防止事故扩大，保护事故现场。需要移动现场物品时，应当做出标记和书面记录，妥善保管有关证物。

3. 发生安全生产事故后，监理部应督促、配合施工单位落实《安全事故应急救援预案》各项工作，同时向监理单位和有关部门报告。

4. 发生安全生产事故后，监理部应认真对监理资料进行检查、整理，进一步完善自我保护工作，参与或配合有关部门做好安全事故的调查处理工作。

## 2.3　测量监理工作的要求

在监理工作检查中发现，一些项目监理部对工程测量监理工作做得不好，不符合公司要求。其主要表现如下：

1. 现场工程测量定位控制点（原始点）没有业主移交、三方（业主、施工、监理）签字的手续。有的项目监理部甚至拿不出当地测绘部门的测绘成果文件或者规划部门批准的红线图。

2. 缺少施工单位的原始点测量数据资料；缺少监理机构的原始点复核数据资料。

3. 测量控制网（复杂工程）、测量控制点（一般工程）、主控轴线等重要测量环节的资料不全。

4. 有的桩基工程没有桩基定位测量复核纪录和桩位竣工图。

5. 施工单位对工程的定位放线测量纪录或测量报验单上监理没有签字；或者仅有签字，未见监理的复测数据，也没有填写验收意见或结论。

6. 一些施工单位测量报审表附件，现场测量原始记录或者测绘图等没有施工测量人员和监理工程师签字，责任不明确，一旦有误无法追溯。

以往曾经出现过许多工程桩基完成，或者工程完工后发现位置偏移过大的事故，少的偏移数十厘米，多的1m、数米甚至十多米，引起业主投诉和处罚。为了提高监理测量控制质量，确保工程质量，根据相关法律法规和标准规范，对项目部监理测量工作提出如下意见：

（1）开工前施工单位某些工程（如桩基、土建、幕墙等）应当编制工程测量方案，并经监理审批后实施；监理部要编制相应的测量监理工作实施细则，细则要有针对性。

（2）施工单位必须配备测量专业技术人员，应有相应的学历、专业技术职称或上岗证；现场使用的测量仪器、设备应在有效检定期内（一般一年）；测量仪器合格证、检定证书应报监理部备查。

（3）项目监理部应建立测量仪器台账和测量仪器使用台账；使用的测量仪器应在有效鉴定期内（一般一年）；仪器名称、型号等应符合规定，并与监理复测资料所列一致。

（4）对工程定位原始点和重要的控制点、控制轴线，项目监理部应使用自己的仪器进行复测或平行检验；复测和复核必须保留相关数据资料，应有监理独立复核的数据，并有施工单位测量人、监理复核人签字方为有效。

（5）当地测绘部门的测量成果（测量定位控制点）或者规划部门的规划红线图应有建设单位向施工、监理的移交签字手续。监理部应当与设计总平面图和其他相关的设计文件核对。

（6）根据业主移交的控制点（一般2～3个）的高程和坐标，施工单位进行复测及定位放线，并填报《施工测量报验单》，附《工程测量定位放线纪录》。监理人员应对平面及高程控制网进行审核和现场复测、复核（复测）后写上验收意见或结论，然后签字。

（7）项目监理部可根据各工程特点，配备测量人员。原则上，单位工程的整体定位放线包括打桩、地下室（无地下室的从独立柱基或者条形基础）底板垫层放线、主体一层定位放线，多个单体工程的从单体单位开始，都要由专业监理测量工程师复测；工程桩桩位、土建结构楼面的标高和轴线、装修阶段的定位测量，均要由现场土建监理工程师复核。一个单位（子单位）工程的定位放线一般由监理企业派专业测量工程师到现场复核，桩位和建筑物轴线、标高则应由现场土建监理工程师复核。

（8）施工单位工程桩桩位报验记录，应附有桩位图。对单桩承台，每根桩一张定位放样图；对多桩承台或支护桩（排桩），可以一个承台或一段为一个测量报验批，在报验的测量记录上图示并列表（按照规范要求，对工程桩每根桩位都应复核，偏差必须在规范允许范围内）。

（9）监理工程师应对平面控制网、工程控制网和临时水准点的处理成果及控制桩复测合格后必须明确签署合格意见。如果经复核不符合设计和规范要求，则应签署不合格，要求施工单位重新测量放样。

（10）监理部应经常检查施工定位控制桩的保护措施，如发现控制桩发生了偏移、损坏等情况，应要求施工单位立即重新修复，监理应及时复验。

必须强调：桩基施工时，监理应按照施工单位的桩位竣工图对每根工程桩位进行复核（桩位包括平面位置和桩顶标高）。

## 2.4　关于做好旁站监理工作的意见

对项目监理部检查发现，有部分项目监理部旁站工作极不认真、马虎敷衍、甚至弄虚作假。具体表现在旁站缺位、旁站记录滞后、补做资料、旁站记录内容不完整，有的在几十次的混凝土浇筑旁站记录上，竟从来没有发现问题和处理问题的记录；有的地下室工程，施工单位把已经支好木模的后浇带部位全部浇上了混凝土，监理旁站人员也没有发现。旁站监理工作十分重要，它直接关系到关键部位、关键工序的施工过程中是否符合已经批准的施工方案，是否符合技术标准规范，质量能否得到保证，安全生产管理措施是否得到落实；同时，它也关系到评价监理是否履行了应尽的责任，是否能有效地履行职责，规避风险。大量实践证明，监理人员在施工过程的旁站中，如能及时发现问题、解决问题，一些质量安全隐患可以避免产生，许多质量安全事故可以防止发生。能否及时发现问题和解决问题，是衡量监理人员工作成效的重要标准之一。一般讲，凡是监理旁站工作做得好的，其他监理控制工作也比较好；凡是监理旁站工作做得不好的，其他监理控制工作问题也比较多。

根据建设部印发的《房屋建筑工程施工旁站监理管理办法（试行）》（建市［2002］189 号）的规定，旁站是指“监理人员在房屋建筑工程施工阶段监理中对关键部位，关键工序的施工质量实施全过程的现场跟班监督活动。”监理企业在编制监理规划时，应结合工程特点制定旁站监理方案。自 2004 年《建设工程安全生产管理条例》颁布后，有些地方政府也要求将施工中的安全监管纳入旁站跟班监督的内容。监理部在组织编写监理规划时，应结合工程特点制定旁站监理方案，明确本工程旁站监理工作的范围、内容、程序和旁站监理人员的职责等。旁站监理方案应当送建设单位、施工企业和质量监督部门各一份；施工单位应在需要旁站的关键部位、关键工序施工前 24 小时书面通知监理部，监理部总监应当安排监理人员进行现场旁站，指导旁站人员的工作。

现以施工阶段旁站频率最高的混凝土浇筑为例，提出旁站工作的职责与要求，各项目监理部应认真学习、贯彻执行。其他内容的旁站监理工作应参照执行。

1. 总监应当于旁站工作开始前向旁站值班人员进行相关交底。旁站监理人员要做好旁站工作，首先要熟悉图纸、施工方案、相应的技术规范和强制性条文。在旁站过程中，知道做什么、怎样做、达到的质量标准、有问题如何处理，这些都要做到心中有数。

2. 在混凝土浇筑前，专业监理工程师应对钢筋制作和安装工序质量、模板尺寸和支撑体系、土建和安装的各类预埋件、预留洞进行隐蔽工程验收，同时还应当检查各项准备工作情况。验收全部合格、准备就绪专业监理工程师签字后总监方可批准浇筑混凝土。对于高支模验收，除施工单位施工质检人员、专业监理工程师以外，项目经理和总监都必须参加验收。

3. 施工过程中，旁站监理人员应检查施工单位现场施工质检员或技术管理人员到岗、特殊工种人员持证上岗情况；混凝土浇筑期间，现场施工单位除应有施工技术、质检人员值班外，还应安排安全员、电工、钢筋工、木模工值班。当浇筑混凝土遇到问题时能及时处理和排除故障。如果上述人员不到位，旁站监理人员应报告总监，通知项目经理落实，否则不得进行施工（不能以监理人员的跟班旁站代替施工单位自身的质量安全管理）。

4. 旁站监理人员要检查每一批进场的混凝土合格证（或水泥、砂石、外加剂的进场合格证和混凝土配合比报告）、复试报告、质保书和检测报告是否齐全，以及混凝土的强度等级、抗渗等级是否与现场浇筑部位的设计要求相符合。

5. 旁站监理人员应当携带必需的技术资料（图纸、标准、方案等）。旁站监理人员应当认真履行职责，及时发现和处理施工过程中出现的质量、安全问题。旁站人员要检查混凝土浇筑的顺序和操作方法是否符合施工方案，当旁站时发现存在质量和安全隐患的，应立即要求施工单位整改，并及时报告总监。

6. 旁站监理人员在旁站时如发现施工单位有违背施工方案或强制性标准行为的，应当责令施工单位立即整改；发现施工活动已经或者可能危及工程质量、安全和强制性标准，发现存在质量安全隐患的，应当及时要求纠正。施工单位整改不力或拒不整改的，必须立即向总监理工程师报告，由总监下达局部暂停施工令或采取其他应急措施。旁站期间，总监与现场监理人员必须保持通信畅通。

7. 施工过程中要随时抽查混凝土的坍落度，一般约 2 小时检查一次。如坍落度与设计不符，应要求施工单位通知混凝土供应商及时调整，如进场的混凝土坍落度过大，则应责令其退场；混凝土浇筑过程中严禁加水。现场施工管理人员应当与商品混凝土供应站保持联系，及时沟通和处理问题。

8. 要监督检查施工单位混凝土试件是否按规定留置，标养和同条件养护试块的制作时间、部位、方式、数量，是否符合要求，否则令其纠正。

9. 用于检查结构混凝土的试件应在浇筑地点随机抽取；每 $100m^3$ 不得少于一次，一次连续浇筑超过 $1000m^3$ 时，同一配合比的混凝土每 $200m^3$ 取样不得少于一次；每次取样应至少留置一组标准养护试件，同条件养护试件的留置数量应由施工和监理双方根据实际需要事前商定。试件应随机抽样，要避免在同一时间、同一车内，做多组用于同一目的的混凝土试件。对有抗渗要求的混凝土构件，同一工程，同一配合比的混凝土，取样不得少于一次，留置组数可根据实际需要确定。混凝土试件的留置，监理人员应在现场见证，并建立台账。试块混凝土终凝前，取样人员应将制作日期、混凝土强度、取样部位，准确地标注在试块上，监理人员予以确认并作好纪录。

10. 混凝土的运输、浇筑及间歇的全部时间不应超过混凝土的初凝时间。同一施工段的混凝土应连续浇筑，并应在底层混凝土初凝之前将上层混凝土浇筑完毕。当底层混凝土初凝后浇筑上一层混凝土时，应按施工方案中对施工缝的要求进行处理。

11. 混凝土浇筑旁站过程中如遇模板支撑异常、胀模、失稳，钢筋、预埋件偏位、保护层脱落，混凝土漏浆、混凝土的供应不及时等情况，应及时通知施工单位现场技术质检人员安排处理，处理完毕方可继续浇筑。问题严重的应在第一时间通知总监，总监通知项目经理到场研究解决，及时制止可能发生的质量安全事故。

12. 混凝土浇筑过程中，监理旁站人员还要检查施工缝和后浇带的位置处理是否符合施工方案，梁柱节点、墙柱根部要防止漏振和过振。

13. 混凝土浇筑过程中如果发现钢筋移位，要求施工单位及时处理。尤其要防止悬挑结构上部（梁、板上层筋）受力钢筋下移，如有发现应要求施工单位整改合格后方可继续浇筑混凝土。

14. 混凝土的冬期施工还应检查是否符合《建筑工程冬期施工规程》JGJ/T 104—2011和施工方案的相关规定。

15. 如是大体积混凝土、灌注桩、地下连续墙、土钉墙、防水混凝土等，还要按相应的施工方案和技术规范，在旁站过程中针对特殊要求加以监督。

16. 混凝土浇筑过程中，如果发现混凝土的初凝和终凝时间与提供的配合比单上不一致，影响正常施工，应及时与供应商联系，分析原因，采取措施纠正。

17. 混凝土浇筑完毕，旁站监理人员应当检查混凝土的表面标高、梁柱板尺寸、平整度、坡度；旁站人员还应检查是否按照施工方案和《混凝土结构工程施工质量验收规范》GB 50204—2002（2010年版）的规定，及时采取有效的养护措施。

18. 需要提醒的是：混凝土浇筑前，应对模板洒水湿润，但不得积水；竖向混凝土浇筑前应预先浇筑与混凝土配合比相同的50～100mm厚的水泥砂浆；混凝土浇筑完毕后至终凝前应打抹不少于2遍，防止混凝土表面开裂。

19. 混凝土浇筑结束后，要及时做好旁站记录，一般不应超过24h。当天的监理日记应与旁站记录内容应一致。

20. 旁站记录要求准确、真实、及时，旁站过程发生了哪些情况，监理如何处理的（人、地、时、事、因、过、果），要具体描述。公司的绩效考核对旁站纪录的要求是：内容具体、完整、签字齐全。根据建设部建市［2002］189号文件规定，在工程竣工验收后，监理企业应当将旁站记录存档备案。

21. 担任旁站监理的值班人员必须高度负责，不得长时间擅自离岗，甚至离开工地，值夜班时不得睡觉。因监理旁站人员擅自离岗，未能及时发现问题，失去监督管理作用，出了质量安全事故的事例并不少见。总监在旁站期间应适当抽查旁站情况。

根据以上21条要求，旁站监理人员一个工作班值下来，总有可能发现施工中的问题，不应该只有“一切正常”、“无”问题的记录。大量实践证明，只要认真进行旁站，不难发现问题，并能及时处理问题。要注意，我们在检查工作中还发现，不少项目监理部只有混凝土浇筑旁站记录，没有建设部《房屋建筑工程施工旁站监理管理办法》（建市［2002］189号）规定的其他关键部位、关键工序的旁站记录，应当引起重视。

## 2.5 施工阶段的监理交底

根据有关规定，施工准备阶段的监理交底工作，主要有：

### 2.5.1 设计交底

在设计交底前，总监理工程师应组织监理人员熟悉设计文件，并对图纸中存在的问题通过建设单位向设计单位提出书面意见和建议；也可在建设单位组织的图纸会审交底会上提出问题，经有关各方讨论后写入图纸会审交底纪要。

图纸会审前，监理需协调建设、施工，包括监理部人员应熟悉和消化图纸，各单位分别写出相关疑问或建议，由施工单位汇总到施工图会审交底纪要中。在会审交底会议召开后，再将设计交底和答疑的内容或几方协商意见形成会审纪要，并由有关各方项目负责人签字认可。施工图会审交底会各单位参加人员应签到，监理对施工图的相关意见应有书面文字留存。

### 2.5.2 监理交底的时间及参加单位

监理交底的时间：应在第一次工地会议上；如果时间紧迫，亦可在第一次工地会议后的第一次监理例会上交底，或者组织召开监理交底专题会议，并形成书面意见。

监理交底时参加的单位：

1. 建设单位、施工单位（分包单位）、监理单位。

2. 当主体结构完成后，进行内外装饰和全面安装时应当组织各施工单位（包括各种分包商、主要材料、设备供应商）参加的第二次交底会。

### 2.5.3 监理交底的依据

1. 建设工程监理规范。
2. 工程监理委托合同。
3. 建设工程施工合同（分包合同、供货合同等）。
4. 监理规划。
5. 设计文件、地质勘察报告。
6. 相关法律、法规及技术规范、标准。
7. 工程招投标文件。
8. 政府主管部门批准的工程建设文件。

### 2.5.4 监理交底的内容

1. 监理工作的依据（同上）。

2. 监理工作的任务、目标及范围。

任务：“三控”、“三管”、“一协调”。

目标：质量、进度、投资（基本上与施工合同中的内容相一致）。

范围：一般指施工阶段和保修阶段的现场监理工作，土建、安装、装修，是否包含室外环境工程等，主要仍以监理合同中建设单位和监理单位双方约定的工作范围为准。

3. 总监理工程师要介绍现场监理组织机构人员的组成及其分工，各自职责。

4. 建设单位根据监理合同宣布对总监理工程师的授权，必要时亦可由建设单位发布书面授权书给施工单位、监理单位各一份。

5. 监理单位的总监对当前的施工准备工作提出意见和要求。

6. 总监介绍《监理规划》的主要内容。

（1）监理工作程序、方法和措施

1）监理工作的程序框图、相关工作流程介绍。

2）明确监理与业主、承包方的工作关系，依据监理合同：前者为委托与被委托的关系，后者为监理与被监理的关系。

3）监理单位是在施工期间代表建设单位的现场管理者，因此，在建设工程监理工作范围内，建设单位与承包单位、承包单位与建设单位之间的凡涉及施工合同的各项联系活动，均应通过工程监理单位进行。

4）监理工作的方法为事前、事中、事后控制，以前两项为主。

5）监理工作的措施：组织措施、技术措施、经济措施、合同措施。

（2）监理工作的内容

代表业主进行质量、进度、投资控制，合同、信息管理以及施工安全生产管理的监理工作，组织协调。

（3）监理工作制度

除围绕基本任务的制度外，还要简要介绍相关制度，如监理会议制度，包括监理例会和专题会议，施工组织设计（方案）审批制度，施工分包单位资质审查制度，材料、设备报验制度，工序报险和隐蔽工程验收制度，设计变更及工程签证制度，工程进度控制制度，旁站监理制度，廉政制度等；分部分项工程验收和竣工验收制度，技术资料管理制度等。

7. 三个需要重点明确的内容

（1）介绍旁站监理方案，本工程需要旁站的关键部位、关键工序。

（2）介绍安全生产管理的监理主要工作内容，明确本工程需单独编制专项施工方案报审的危险性较大的分部、分项工程，其中需要组织专家论证的分部、分项工程。

（3）技术资料管理要求

为了保证施工资料准确、及时、完整，建设、监理、施工三方事前应与当地质监站、城建档案管理部门沟通，按照国家有关工程技术档案资料管理规范，行业协会的管理规定，做好全过程的资料管理工作。如在江苏省境内，监理用表必须用江苏住房城乡建设厅发布的《监理现场用表》（第五版），建筑工程施工质量验收资料的填写必须用各省建设工程质量监督站统一编制的用表。需要签认和回复的文件资料，有关各方都必须在规定的时间内答复。

### 2.5.5　监理交底的其他事项和相关内容

1. 监理交底的时间、方法和内容，可以视工程规模、技术复杂程度、工程进度情况作出适当调整，如桩基施工交底时，可能还没有完整的监理规划，可结合桩基监理实施细则先行交底；以土建、安装为主的总承包单位进场后再进行全面交底；有精装修工程和较复杂的安装工程（一、二类项目）进入全面装修和安装施工时，要向各施工单位再进行一次交底。

2. 监理交底前要做好与建设单位、施工单位的联系与沟通，了解他们的意图，交底时心中就更有底。

3. 对工程管理经验缺乏的建设单位现场管理机构，可以把第一次工地会议《建设工程监理规范》规定的内容提前以书面形式告知建设、施工单位，以使第一次工地会议达到预期的效果。

4. 对分部工程、分项工程、检验批如何划分，可在临理交底后，施工单位与监理协商后另行确定。

5. 应当强调，无论是质量还是安全，都必须符合强制性标准；所有验收都应当在施工单位自检的基础上进行；有关各方的重要意见应当以书面形式往来，并及时作出相应的答复。

6. 监理交底时必须告知有关各方以下四“不”原则：材料、构配件、设备未经监理验收合格，不得用于工程中；上一道工序未经监理验收合格，不得进行下一道工序施工；未经总监理工程师签字，建设单位不得支付工程款；监理未预验收合格，不得组织竣工验收。监理对工程质量的验收，均应在施工单位自行检查验收评定的基础上进行。

监理交底的内容要写入第一次工地会议纪要，必要时也可作为会议纪要的附件发送到承包单位和建设单位。

## 2.6 投资控制的监理工作

工程建设投资控制是建设监理三大控制的内容之一。投资控制在监理工作中具有十分重要的位置。长期以来，在监理工程师的投资控制方面众说不一。一提到建设工程项目的投资控制，往往就使人联想到包括工程所有实施期间的投资控制。包括：项目决策阶段、设计阶段、招标阶段、施工阶段、工程竣工验收阶段、工程保修阶段。实际上，即使是项目管理企业，也不可能从项目决策阶段（甚至要求协助业主编制可行性研究报告）就开始进行投资控制。从2004年建设部在大连召开的监理工作会议以后，以及2007年国家发改委、建设部《关于印发〈建设工程监理与相关服务收费管理规定〉的通知》（发改价［2007］670号）中的相关规定，以及目前工程监理项目普遍的实际情况，往往常规的监理投资控制职责只在施工阶段，对施工过程中的投资目标进行控制，包括保修阶段。实际上大多数工程施工前和竣工验收后的保修阶段，监理还未进场或已经撤离现场，完全的控制是不现实的。当然也不排除监理应业主要求，进行提前或保修期内的延伸服务，这也是监理的应尽义务。监理的投资控制也称费用控制或造价控制，本次重点讲述施工阶段、竣工验收阶段监理工程师如何进行投资控制。

### 2.6.1 投资控制的依据

1. 国家和地方政府有关工程建设投资管理的法律法规和规范性的文件

2. 中华人民共和国建筑法

3. 中华人民共和国合同法

4. 中华人民共和国招标投标法

5. 中华人民共和国仲裁法

6. 最高人民法院《关于审理建设工程施工合同纠纷案件适用法律问题的解释》（法释［2004］14号）

7.《建设工程工程量清单计价规范》GB 50500—2013

8. 江苏省建设工程费用定额（2009年）

9. 建设工程价款结算暂行办法（财建［2004］369号）

10. 建筑工程施工发包与承包计价管理办法

11. 通用合同条款（标准施工招标文件）

12. 关于《标准施工招标资格预审文件》和《标准施工招标文件》试行规定（九部委令第 56 号）

13. 建筑安装工程费用项目组成（建标［2013］44 号）

14. 工程项目招标投标文件，技术标、商务标（工程预算）

15. 建设工程施工合同

16. 建设工程监理合同

17. 工程勘察设计文件，图纸会审纪要、设计变更文件

18. 《监理规划》、《监理实施细则》

19. 施工组织设计（方案）

20. 工程变更、现场签证、索赔签证、技术核定文件等

21. 关于印发《建设工程价款结算暂行办法》的通知（财建［2004］369 号）

22. 关于印发《建筑工程安全防护、文明施工措施费用及使用管理规定》的通知（建办［2005］89 号）

23. 江苏省建设工程工程量清单计价项目指引（苏建定［2003］374 号）

24. 江苏省建设厅《关于调整材料检验试检费用计取标准的通知》（苏建定［2004］414 号）

25. 江苏省建筑与装饰工程计价表

26. 江苏省安装工程计价表

27. 江苏省市政工程计价表

28. 江苏省机械台班费用定额

29. 全国统一建筑工程工期定额及省、市建设厅（局）现行有关调整规定

30. 各、省、市最新造价信息

31. 关于调整建筑、装饰、安装、市政、修缮、仿古建筑及园林工程预算工程单价的通知（苏建价［2010］494 号）

32. 不同工程类别的管理费率

33. 关于贯彻《建设工程工程量清单计价规范》有关问题的通知（苏建定［2004］29 号）以及关于明确建设工程工程量清单计价有关问题的通知（苏建定［2004］290 号）

### 2.6.2　建设工程投资组成

1. 投资费用组成

（1）投资估算。

（2）设计概算。

需要指出的，扩初设计的设计概算，并不反映全部工程投资，因其只涉及工程图中反映的内容，并不包括征地拆迁费、基础设施增加费、人防费、建设单位管理费、水电增容费等。

（3）施工图预算。

（4）工程结算。

（5）工程决算。

2. 建安工程费用合同价的三种形式

(1) 总价合同。

(2) 单价合同。

(3) 成本＋酬金合同。

3. 建筑安装工程费用项目组成

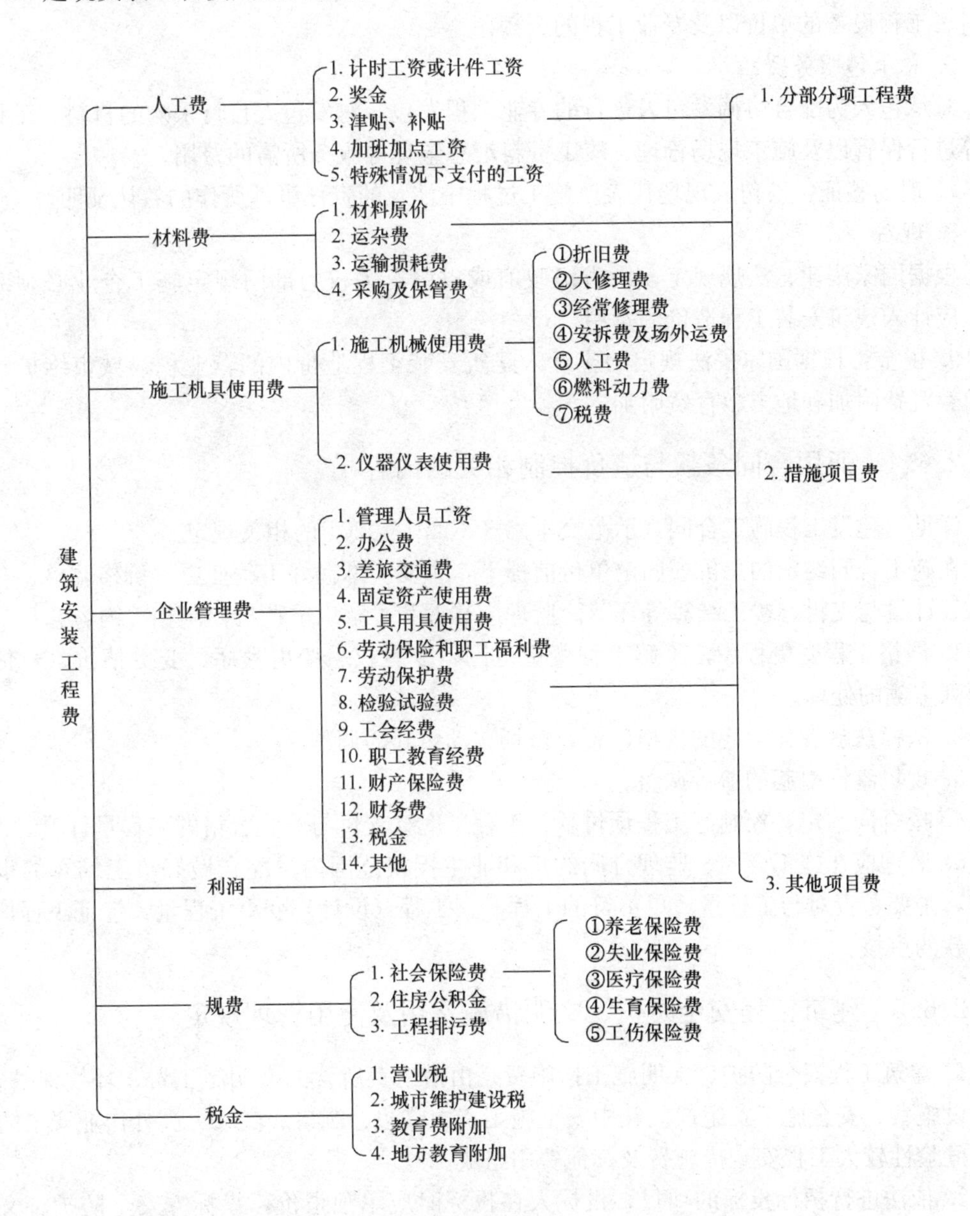


## 2.6.3 《建设工程工程量清单计价规范》的有关概念

1. 工程量清单：表明建设工程分部分项工程项目、措施项目、其他项目的名称和相应数量以及规费项目和税金项目等内容的明细清单。

2. 综合单价：完成一个规定清单项目所需的人工费、材料和工程设备费、施工机具使用费和企业管理费与利润，以及一定范围内的风险费用。

3. 措施项目：为完成工程项目施工，发生于该工程施工准备和施工过程中的技术、生活、安全、环境保护等方面的项目。

4. 暂列金额：招标人在工程量清单中暂定并包括在合同价款中的一笔款项。

5. 暂估价：招标人在工程量清单中提供的用于支付必然发生但暂时不能确定价格的材料、工程设备的单价以及专业工程的金额。

6. 总承包服务费

总承包人为配合协调发包人进行的专业工程发包，对发包人自行采购的材料、工程设备等进行保管以及施工现场管理、竣工资料汇总整理等服务所需的费用。

7. 现场签证：发包人现场代表就施工过程中涉及的责任事件所作的签认证明。

8. 规费

根据国家法律、法规规定，由省级政府或省级有关权力部门规定施工企业必须缴纳的，应计入建筑安装工程造价的费用。

9. 税金：根据国家税法规定的应计入建筑安装工程造价内的营业税、城市维护建设税及教育费附加和地方教育费附加。

### 2.6.4　通用合同条款与造价控制相关的内容

详见《建设工程施工合同（示范文本）》GF-2013-0201的相关规定。

在施工合同约定的总价或固定单价前提下，主要应掌握好工程变更、价格调整、合同价格、计量与支付、竣工结算等环节。监理应掌握和了解以下造价控制相关内容：

1. 严格工程变更程序，了解工程变更范围、变更权、变更程序、变更估价、暂估价和暂列金额的处理。

2. 法律法规变化引起的价格调整，市场波动引起的调整。

3. 现场签证引起的造价调整。

4. 按合同约定，控制好工程预付款、工程进度款支付与验收合格的工程量计量。

5. 监理应在施工合同、监理合同约定和业主授权范围内，配合做好竣工结算的审核工作，主要负责对与工程量清单不符的工程量、工程（设计）变更工程量、签证工程量及其价款的审核。

### 2.6.5　建筑工程安全防护、文明措施费用及使用管理规定

1. 建筑工程安全防护、文明施工措施费是由措施费所含的文明施工费、环境保护费、临时设施费、安全施工费组成。其中安全施工费由临边、洞口、交叉、高处作业安全防护费、危险性较大工程安全措施费及其他费用组成。

2. 依法进行招标投标的项目，投标人在投标时应单独报价，投标方安全防护、文明施工措施的报价，不得低于依据工程所在地工程造价管理机构测定费率计算所需费用总额的90%。

3. 建设单位与施工单位应当在施工合同中明确安全防护、文明施工措施项目总费用，以及费用预付、支付计划、使用要求、调整方式等条款。有关建设行政主管部门颁发施工许可证时，以此作为依据。

4. 建设单位应当按合同约定及时向施工单位支付安全防护、文明施工措施费；建设

单位、监理单位应当依法督促、检查施工单位落实安全防护、文明施工措施，发现未落实的，应当按照《建设工程安全生产管理条例》和《危险性较大分部分项工程管理办法》(建质［2009］87号）等规定程序执行。

### 2.6.6 建设工程价款暂行办法的有关内容

1. 合同价款在合同中约定后，任何一方不得擅自改变。

2. 发包人、承包人应当在合同条款中对涉及工程价款结算的下列事项进行约定：

(1) 预付工程款的数额、支付时限及抵扣方式；

(2) 工程进度款的支付方式、数额及时限；

(3) 工程施工中发生变更时，工程价款的调整方法、索赔方式、时限要求及金额支付方式；

(4) 发生工程价款纠纷的解决方法；

(5) 约定承担风险的范围及幅度以及超出约定范围和幅度的调整办法；

(6) 工程竣工款的结算与支付方式、数额及时限；

(7) 工程质量保证（保修）金的数额、预扣方式及时限；

(8) 安全措施和意外伤害保险费用；

(9) 工期及工期提前或延后的奖惩办法；

(10) 与履行合同、支付价款相关的担保事项。

3. 发、承包人在签订合同时对于工程价款的约定，可选用下列一种约定方式：

(1) 固定总价；

(2) 固定单价；

(3) 可调价格。

4. 承包人应当在合同规定的调整情况发生后14天内，将调整原因、金额以书面形式通知发包人，发包人确认调整金额后将其作为追加合同价款，与工程进度款同期支付。

5. 工程设计变更价款调整。

### 2.6.7 投资控制的内容

监理投资控制的范围（任务）因工作情况不同，理解认识不同而有差异，但总的目标范围基本是一致的。即在施工阶段和竣工结算阶段，以承包合同为依据，开展以下工作。

1. 施工阶段

(1) 严格审查施工组织设计和专项施工方案。

(2) 工程施工开始就与业主和承包商商定工程变更范围、内容等事项严格审批程序。

(3) 严格审查工程预付款和进度款支付。

2. 竣工结算阶段

(1) 审核已经验收合格的预算外增加的（变更）工程量。

(2) 审核预算外经业主认可的调价材料、变更工程量、变更单价的工程量和变更造价，并应符合合同要求。

3. 工程造价的监理控制工作其他相关要求

## 2.6.8 监理规范的要求

1. 承包单位统计经专业监理工程师质量验收合格的工程量，按施工合同的约定填报工程量清单和工程款支付申请表。专业监理工程师审核施工单位在工程款支付申请表中提交的工程量及支付金额进行复核，并对支付金额予以确认。总监理工程师对专业监理工程师的审查意见进行审核后报建设单位。工程竣工结算的审查程序与此相同。

2. 总监应从造价、项目的工程要求、质量和工期等方面审查工程变更方案，需要承包商、建设、设计、监理四方签字。

3. 专业监理工程师和总监理工程师应正确处理和审查非承包单位原因引起的工程索赔。审核批准工程费用索赔报审表，对付款申请是否成立，应进行认真分析。对合理的索赔（符合合同条款）的工程量和金额计算，在认定前应先与业主沟通，取得共识后方可签认。

4. 专业监理工程师平时应注意收集、整理有关的施工和监理资料（包括照片，有监理员参与的原始量测记录，工程隐蔽前的照片等），为处理费用索赔、变更、签证提供证据。

5. 项目监理机构应协助业主做好工程竣工结算价款的审核工作。对固定价合同而言，主要审核设计变更、工程变更、工程索赔、签证和合同规定允许调整合同标价中遗漏的工程费用，监理应当认真对照图纸、相关工程量清单中变更资料（必须签字手续齐全有效的）进行审核，必要时会同承包方、建设单位（或审计）相关人员到现场量测。总监理工程师审定竣工结算报表，与建设单位、承包单位协商一致后，签发竣工结算文件和最终的工程款支付证书报建设单位。

6. 监理工程师在造价控制中，应当严格控制工程变更。

7. 所有变更，都必须经总监签发后承包商方可实施。

8. 对施工阶段的投资控制，监理工程师应依据合同有关条款、施工图、国家相关政策、环境因素、工程监理经验等，协助建设单位进行投资风险分析，并应制定防范性对策。

9. 投资控制的基本程序

设计 ⇌ 业主 ⇌ 监理 ⇌ 承包商

## 2.6.9 投资控制的方法和措施

1. 投资控制监理流程图

（1）施工阶段投资控制的工作流程

（2）工程计量支付流程

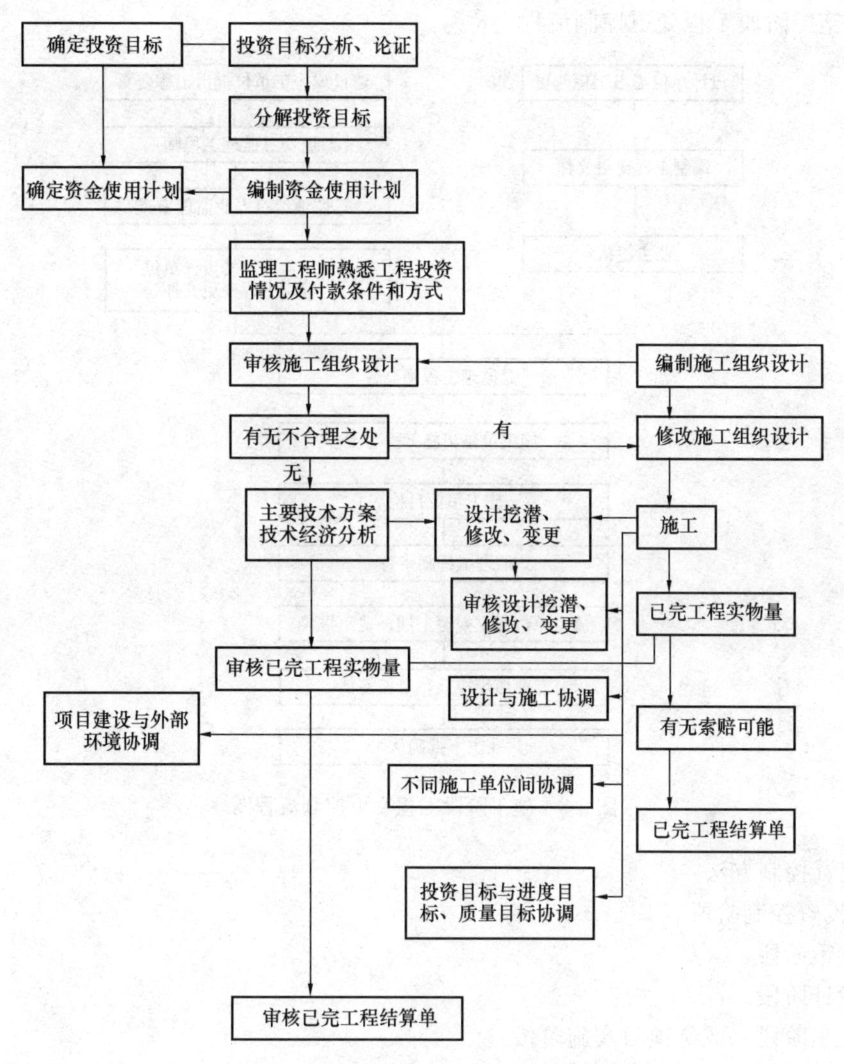


图 2-1 施工阶段投资控制工作流程图

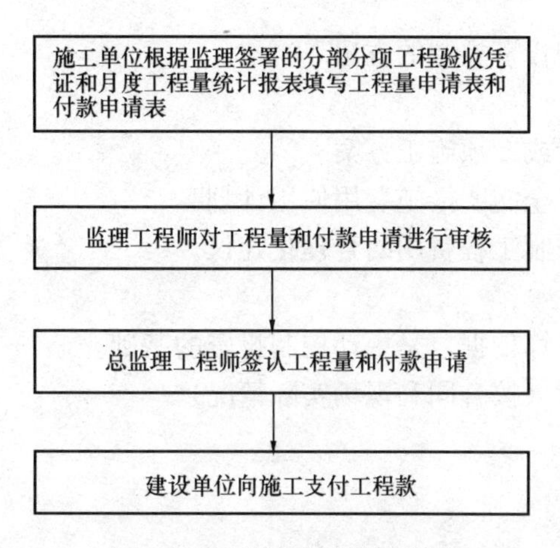


图 2-2 工程计量支付流程图

(3) 施工阶段工程变更控制流程

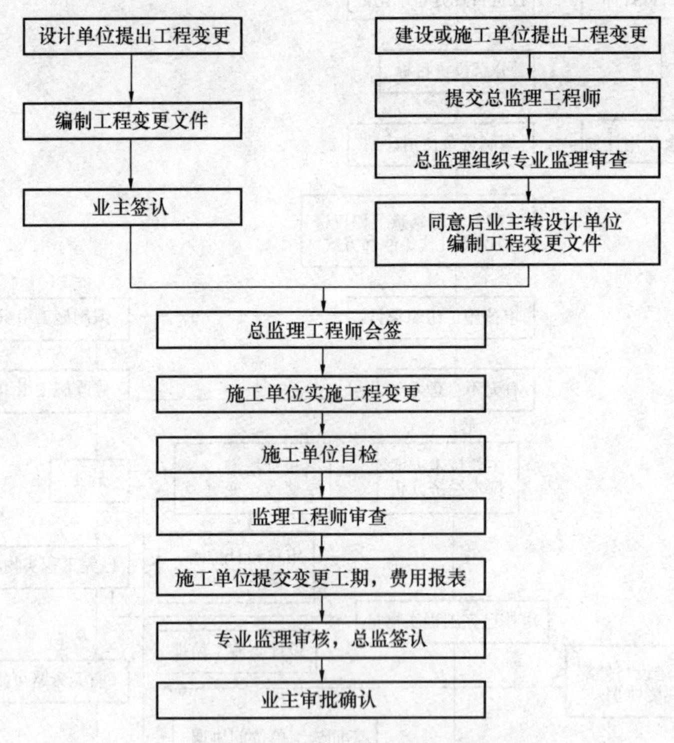


图 2-3　施工阶段工程变更控制流程图

2. 投资控制方法

(1) 投资控制阶段

1) 决策阶段。

2) 设计阶段。

3) 施工阶段（或称项目实施阶段）。

4) 竣工结算阶段。

5) 工程决算阶段。

(2) 施工阶段的监理投资控制的方法

1) 事前控制

①审查施工组织设计或专项施工方案。

②审查工程费用和安全文明措施费用使用计划。

③提出降低成本、控制工程费用的合理化建议。

2) 事中控制

①了解工程造价的计算依据，是主动控制投资的基础。

②工程预付款的审批（按合同和现场实际情况）。

③ 进度预审批。

④工程签证的内容。

⑤签证工作的方法。

⑥掌握签证流程，严格签证审批手续。

3）事后控制

① 竣工结算阶段的造价控制。

②保修阶段的造价控制。

3. 监理控制措施

（1）组织措施。

（2）技术措施。

（3）经济措施。

（4）合同措施。

严格控制变更、签证、索赔原则，坚持合理流程。所有影响造价的书面手续完备、依据可靠、程序合法。

（5）信息管理措施。

（6）监理针对性的控制方法和措施。

4. 监理投资控制的延伸服务

（1）合理化建议。

（2）积极参与图纸会审、提出优化设计和设计缺陷的处理建议。

（3）审查施工组织设计。

（4）审查专项施工方案，如深基坑、高支模、钢结构制作安装等。

（5）材料、构配件、设备的优选，以高性价比为目标。

### 2.6.10 监理与审计的关系

1. 监理与审计的区别

（1）共同点

1）都是为建设单位服务，审核工程费用，为控制工程投资把关。

2）审核依据相同，都是国家法律法规、建设工程规范和关于工程造价的政策规定以及设计文件、变更、签证、合同等影响造价的文件资料。

（2）不同点

1）审核范围不同：审计可以包括工程审计和投资财务审计，包括施工单位的工程决、结算和建设单位的工程决算。而监理则主要是审核施工阶段的变更工程量以及与之相应的造价，也包括支付进度款的已完成并验收合格的工程量审核。

2）审核阶段不同：审计需要审核包括工程前期及后期在内的全部工程项目实施全过程发生的费用，监理则主要审核监理委托合同期内的（施工阶段及相关服务期）的变更工程费用。

2. 影响审计质量的因素

（1）结算资料的真实性很大程度上与监理人员的综合素质有关。

（2）参与审计人员的数量、专业素质和工程审计工作经验有关。

（3）审计时限。

（4）相关单位的要求不同。

以上审计质量的影响因素中，如果监理配合得好，审计效果会更佳。

3. 监理如何正确处理好与审计的关系

（1）要像尊重业主那样尊重审计，与审计多沟通。

（2）认真学习工程造价方面的专业知识，力求与审计有更多的共同语言。

（3）配合好审计，掌握每个施工阶段的现场第一手资料，包括有关各方的实际量测数据，影像资料等。

（4）当好业主与审计的参谋，在控制工程造价上应做到公平、公正，严格依法办事，依合同办事，维护有关各方的合法权益。

### 2.6.11　投资控制应注意的事项

1. 根据固定价承包合同，监理一般只计算审核合同外的变更造价，对合同价内的预算价依法不得调整。

2. 监理工程师只对超过原设计图纸经业主和设计、监理认可的增加的工程量进行审核，对施工方自身原因造成返工的工程量和擅自增加的工程量一律不予计量。

3. 对法律、法规规定范围以外的工程量不予计量。

4. 了解计价规范和省定额规定的计量范围，如对正常的已在项目措施费中的临时设施，不得重复计量。

5. 在造价控制中，要熟悉各种规定，才能做到有所为，有所不为，不该做的事不要去做，不要陷入误区，做吃力不讨好甚至被动的事。要认真研究承包合同，了解和熟悉工程合同关于变更、现场签证、索赔的有关规定，才能把握哪些该签，哪些不该签。

6. 要为业主当好参谋，提合理化建议，可以使建设单位避免不必要的经济损失。如及早办理外部手续，及时确定施工方案（尤其是装饰、弱电图纸等），甲供材及时到场，避免承包人对工期和经济损失和索赔。

7. 学习和积累有关工程造价知识，认真履行造价控制职责，这是监理的三大基本任务之一。不仅要熟悉有关业务知识，同时还要有良好的职业道德，作风正派，不以权谋私。做到每一笔涉及造价的签证、签字都能经得起推敲和复查，要公正、科学，对工程负责，对业主负责，避免对发包人、承包人造成损失，也会对监理工作带来风险。

8. 专业监理工程师审核工程量，监理员做好配合，在专监指导下开展工作，签认原始凭证。专监应及时向总监汇报审核情况，并接受总监的帮助与指导。最终必须由总监签发。

9. 凡是承包方提出的变更，签证均涉及甲、乙双方利益，比较敏感。监理在审批前必须征求业主意见后方可签批，切不可不负责任，随便表态和签字，否则会造成被动。

10. 所有变更、签证、索赔都应有三方［或四方（有审计）］主体的项目负责人（代表）签认。要做到：审核依据充分合理、手续齐全、计量准确、审签明确、办理及时。

11. 承包方未经监理通知擅自变更的工程量一律不予签认。

12. 竣工结算不但要核增，该核减的则应扣除。根据监理变更台账和施工过程记录，还要注意应核减扣除的工程量。如有经过有关方认可取消的原合同内工程量，如室内天棚取消抹灰、楼层内部分轻质隔墙取消、防水层做法已经改变等，减少的工程量应当按原价核减。

13. 避免投资控制的误区

（1）不能乱签 ：如某商住楼工地，有两个年轻人，场地土方外运，标高多签 0.6m，造成业主对监理单位的罚款。

(2) 认真审查施工组织设计和方案，要审查保证质量安全的最优方案，同时也是投资控制的有效途径。例如：土方外运工程，基坑回填工程，基坑支护降水工程、钢结构安装等，都是有可能造价变更较大的部分。注意施工方法对造价的影响。

(3) 变更手续（包括设计）要签字盖章齐全，除当事人，还要至少三方代表签字。

(4) 建立控制造价的重点。

(5) 审核工程结算的三原则：公正、合理、协商。

14. 签证、索赔的权限由专业监理工程师和总监掌控，监理员在专监指导下工作。重大事项必须由总监直接审核确认。在工程量签证前，应区分哪些在合同内，哪些在合同外；哪些该签，哪些不该签；哪些工作内容已包含在投标报价，哪些没有包含；如果可签，应该签多少，都要搞清楚。要充分利用工程款支付手段对工程进行有效控制。

监理工程师要做好投资控制工作，除了熟悉工程项目造价的组成、控制的依据、方法和措施等业务知识外，还必须有良好的职业道德，廉洁正派的工作作风，客观、科学、公正的敬业精神，丰富的工程管理实践经验，才能认真做好造价控制工作。

监理工程师，尤其是总监理工程师必须加强合同管理、进度控制、索赔处理能力，加强对质量控制、投资控制和安全监管的能力，加强利用信息平台等进行信息收集与处理的能力，加强合同管理的能力，应当加快向复合型人才方面发展，尽可能地为业主提供更全面和更高层次的服务。

## 2.7　总监的工作方法与道德修养

总监理工程师（以下简称总监），是由工程监理单位法人任命，履行建设工程监理合同，主持项目监理机构日常工作的注册监理工程师。对内代表监理单位，对外代表建设单位，在施工阶段对建设工程进行“三控三管一协调”，同时履行建设工程安全生产管理的法定监理职责。总监在工程项目施工阶段的作用很大，对整个工程的目标实现有着举足轻重的作用。所以总监的工作方法与道德修养十分重要。在施工现场承担监理任务的总监，在工作方法与道德修养方面，有许多成功的经验和反面的教训。每个人的经历不同，接触到的服务对象和被监理的对象也不一样，为什么有的总监不管遇到什么技术复杂的工程，不管遇到多么难以沟通的业主，不管遇到多么难以管理的施工单位，都能得心应手，而有的项目，业主却频繁要求监理单位更换总监。有的总监，甚至感到在某些项目上工作束手无策、力不从心，难以坚持下去。这就说明，要当好一名称职的、优秀的总监，不是人人都能做到的，不但需要全面掌握工作方法和技巧，而且要有较高的道德修养。

根据在监理单位长期从事监理工作的实践体会，以及监理行业总监的许多工作经验，我把《业主心理学》的概念、在经济领域如何处理人际关系的世界最新理论《博弈论》、连美国军队都认真学习的我国古代军事科学的结晶《孙子兵法》，以及 PDCA 循环的工作方法，结合总监应有的道德修养，以问答的形式总结出来，供大家参考。

### 2.7.1　总监的工作方法

1. 总监应当通过哪些最基本的工作方法控制施工现场？

答：常用的有：事前、事中、事后控制的方法。

巡视、检查、平行检验、见证取样、旁站、验收等方法。

对于房建工程而言，其中验收内容通常又分为：材料、构配件、设备验收；工序验收，隐蔽工程验收，分部分项工程验收；分部工程验收中主要有地基基础工程（其中桩基子分部工程应单独进行桩基子分部工程竣工验收）、主体结构工程、钢结构工程、幕墙工程、节能工程、消防工程、人防工程、智能化工程、电梯安装工程、设备安装工程、电气与给水排水工程、环境绿化工程等；最后是单位（子单位工程）工程竣工验收等。

2. 监理应当遵循的原则有哪些？

答：(1) 动态控制，过程控制，预防为主的原则。

(2) 应当倡导“守法、诚信、公平、公正、独立、科学”的原则。

3. 监理工作的主要依据是什么？

答：(1) 法律法规及工程技术规范、标准。

(2) 建设工程勘察设计文件。

(3) 建设工程监理合同及其他合同文件。

4. 总监的监理工作有哪些常用措施？

答：主要有以下措施：

组织措施、技术措施、经济措施、合同措施、信息管理措施、组织协调措施、PDCA 循环（计划、实施、检查、处理）、开展 QC 小组活动等。

5. PDCA 循环工作法的具体内容是什么？在监理工作中如何掌握与运用？

答：PDCA 循环是指由计划（PLAN）、实施（DO）、检查（CHECK）和处理（ACTION）四个阶段组成的工作循环，它是一种科学的管理程序和方法。在监理工作中主要用于质量管理和控制方面，其工作步骤如下：

(1) 计划（Plan）

这个阶段包含以下 4 个步骤：

第一步，分析质量现状，找出存在的质量问题。

首先，要分析现场工程范围内的质量通病，也就是工程质量上的常见病和多发病，其次，是针对工程中的一些技术复杂、难度大的项目，质量要求高的项目，以及新工艺、新技术、新结构、新材料等项目，要依据大量的数据和情报资料，让数据说话，用数理统计方法来分析反映问题。

第二步，分析产生质量问题的原因和影响因素。

这一步也要依据大量的数据，应用数理统计方法，并召开有关人员和有关问题的分析会议，最后，绘制成因果分析图。

第三步，找出影响质量的主要因素。

为找出影响质量的主要因素，可采用的方法有两种：一是利用数理统计方法和图表；二是当数据不容易取得或者受时间限制来不及取得时，可根据有关问题分析会的意见来确定。

第四步，制订改善质量的措施，提出行动计划，并预计效果。

在进行这一步时，要反复考虑并明确回答以下“5W1H”问题：①为什么要采取这些措施？为什么要这样改进？即要回答采取措施的原因（Why）。②改进后能达到什么目的？有什么效果（What）？③改进措施在何处（哪道工序、哪个环节、哪个过程）执行

(Where)？④什么时间执行，什么时间完成（When)？⑤由谁负责执行（Who)？⑥用什么方法完成？用哪种方法比较好（How)？

(2) 实施（Do）

这个阶段只有一个步骤，即第五步。

第五步，组织对质量计划或措施的执行。

怎样组织计划措施的执行呢？首先，要做好计划的交底和落实。落实包括组织落实、技术落实和物资材料落实。有关人员还要经过训练、实习并经考核合格再执行。其次，计划的执行，要依靠质量管理体系。

(3) 检查（Check）

检查阶段也只有一个步骤，即第六步。

第六步，检查采取措施的效果。

也就是检查作业是否按计划要求去做的：哪些做对了？哪些还没有达到要求？哪些有效果？哪些还没有效果？

(4) 处理（Action）

处理阶段包含两个步骤。

第七步，总结经验，巩固成绩。

也就是经过上一步检查后，把确有效果的措施在实施中取得的好经验，通过修订相应的工艺文件、工艺规程、作业标准和各种质量管理的规章制度加以总结，把成绩巩固下来。

第八步，提出尚未解决的问题。

通过检查，把效果还不显著或还不符合要求的那些措施，作为遗留问题，反映到下一循环中。

PDCA循环是不断进行的，每循环一次，就实现一定的质量目标，解决一定的问题，使质量水平有所提高。如是不断循环，周而复始，使质量水平也不断提高。监理对质量控制、安全监管所发的通知，从通知单发出到整改、复验结束的闭合过程，都应当是PDCA循环。【案例：有一个项目业主代表以前从来没有接触过工程管理，他看到每一次监理在例会上都指出这样或那样的存在问题，感到不解与困惑：怎么你们施工单位每次都有问题？后来私下与他谈话时我告诉他，世界上的事物是千变万化的，事物的发展规律是波浪式前进、螺旋式上升以及PDCA循环的道理，他终于明白了：施工过程中不断纠偏，不断改进，是保证工程进展的前提和正常举措。】

6. 如何开展QC小组活动？

答：关于开展QC小组活动问题，主要用于质量管理，就是采取因果分析（要会画鱼刺图）的方法，一般工程质量与5大因素（人、机、物、工艺或方法、环境）有关。一次质量事故，可能与其中一个或多个因素有关。不知大家注意过没有，影响工程进度、施工安全的，也同样与这5大因素有关。【案例：有个先进监理部，他们把施工现场某个工序质量问题原因的因果分析图贴在办公室墙上，以此引起大家的关注。】

7. 如何协助业主组织好施工图会审交底？总监应当带领监理人员熟悉哪些内容？

答：(1) 总监应提前提醒各有关方，熟悉施工图纸，对有疑问或错误处，记录下来，并由施工单位按规定的格式进行汇总，监理对自己的意见应保留书面资料。

（2）施工图会审交底会由业主主持，监理应准备好签到表，及时让与会人员签到。

（3）规模较大、技术较复杂的工程，会审交底时可按专业大类分组讨论。各单位都应安排专人记录，会后由施工单位整理汇总，相关单位项目负责人签字并盖章。

（4）设计单位对建设单位、施工单位和工程监理单位提出的意见和建议应有明确的答复。

对施工图纸，监理应当了解以下内容：

①有没有审图手续。

②设计主导思想、设计意图、采用的设计规范、标准、各专业设计说明等。

③工程设计文件对主要工程材料、构配件和设备的要求，对所采用的新材料、新工艺、新技术、新设备的要求，对施工技术的要求以及涉及工程质量、施工安全应特别注意的事项等。

④设计深度是否符合规范要求，能否满足施工需要。

⑤前后图纸之间、各专业图纸之间有无矛盾或交代不清楚的地方。

（5）图纸会审和设计交底会议纪要应由建设单位、设计单位、施工单位的代表和总监理工程师共同签认。

8. 在施工过程中凡是发现设计文件不清楚或有疑问，应当通过什么渠道解决？怎样解决？

答：应当通过建设单位向设计单位提出书面意见或建议，在向建设单位提出书面建议前应事先征求施工单位技术人员的意见。必要时，应请建设单位通知设计人员及时到现场商量解决。大型工程建议设计单位在现场派驻设计代表，便于及时沟通。设计人员在现场研究方案时，应当有建设、施工、监理三方相关人员参加。设计最终形成的意见应当以书面形式出现，并通过建设单位经监理转批施工单位执行。

9. 总监如何组织编写好《监理规划》？

答：《监理规划》是现场监理机构的行动纲领和指导方针，它集中体现了监理工作水平，对取得业主的信任和好感关系重大，切不可马虎从事。

总监应当在进场后，监理合同签订并拿到施工图纸后，尽快组织专业监理工程师熟悉施工图，勘察现场，并根据现场技术力量，组织监理人员编写相关章节。监理规划的主要内容，按照《建设工程监理规范》GB/T 50319—2013 的要求，监理规划应包括的 12 项内容不可少，可以作为编写监理规划的提纲。编写内容除应符合《建设工程监理规范》和省住房城乡建设厅要求外，依据国务院有关部门要求，监理规划还应有旁站监理方案，节能监理方案等。规模较大又比较复杂的工程，也可以编写一章本工程重点、难点的监理工作措施。

《监理规划》编制后，应送到监理单位技术负责人审核后签字盖章，召开第一次工地会议前报告业主，特殊情况可以稍后。当施工情况变化较大（如桩基施工时，主体结构施工图尚未出来），《监理规划》可以修改补充，按原程序审批。

10. 总监如何协助业主开好第一次工地会议？

答：第一次工地会议应包括以下内容：

（1）建设单位、施工单位和工程监理单位分别介绍各自驻现场的组织机构、人员及其分工。

（2）建设单位介绍开工准备情况。

（3）施工单位介绍施工准备情况。

（4）建设单位代表和总监对施工准备情况提出意见和要求。

（5）总监理工程师介绍《监理规划》的主要内容，并向施工单位进行交底（必要时，也可另行开交底会或将交底文件另行发放）。

（6）研究确定各方在施工过程中参加监理例会的主要人员，召开监理例会的周期、时间、地点及主要议题。

（7）其他有关事项。

第一次工地会议由业主主持。会前，有的业主初次管理工程，不知道怎么开，可以把上述内容打印出来，给业主和承包人各一份，好让大家统一行动，做好充分准备。开会前，监理部应协助业主，准备好会议签到表，让参会人员签名。

会后，监理整理会议纪要，总监应亲自审核把关，要做到主题明确，突出重点，文字上一定要处理好。发给有关各方时，可取得各方好印象，树立监理威信。第一次工地会议，是监理的第一次亮相，总监一定要十分重视，这对今后顺利开展监理工作十分重要。第一次工地会议纪要末尾，可以备注一下：会议纪要收到方，如对其中内容有异议，请在48小时以内书面提出，否则视同认可。境外的项目管理公司就是要求这样做的。以后的会议纪要原则上一致。

为了取得业主满意和好感，总监可以在第一次工地会议上做出庄重承诺：在建设单位的大力支持下，通过我们与施工单位的共同努力，我们可以承诺：施工过程让业主放心，使用过程让业主满意。

11. 在第一次工地会议上监理交底时要特别注意重点必须交代哪些事项？

答：（1）在建设工程监理工作范围内，为保证工程监理单位独立、公平地实施监理工作，避免出现不必要的合同纠纷，建设单位与施工单位之间涉及施工合同的联系活动，应通过工程监理单位；参建各方之间的重要的往来意见应以书面文字为准，监理的口头指令也同样有效。

（2）依据《建设工程施工合同（示范文本）》GF-2013-0201的约定，隐蔽工程验收，承包人应对工程隐蔽部位进行自检，并确认是否具备覆盖条件。应提前48小时书面通知监理人检查，通知应注明检查内容、涉及部位、地点，并附自检记录和相关检查资料。

（3）提出旁站监理方案和注意事项。

（4）介绍对工程质量、进度、造价控制和安全生产管理的监理工作程序、方法和要求。

（5）对施工全过程资料管理的要求。

（6）应当对“五不”原则进行交底，即工程材料、构配件、设备，未经验收合格，不得用于工程中；上一道工序验收不合格不得进行下一道工序施工；未经监理验收或验收不合格的工程不得计量；未经总监理工程师签字，不得支付工程进度款；未经监理预验收合格，不得组织竣工验收。

总监向建设单位、施工单位的交底，详见监理单位发布的相关管理规定。其中有几个原则不能忘记：上述监理的五个权利不是业主的恩赐，而是国家法律法规和施工合同、监理合同，监理规范赋予或约定的，总监应当在交底时就应理直气壮地明确并尽力争取上述权利，否则监理工作很难开展好。

一般情况，监理交底可能有三次或以上，比如桩基施工前、土建总包单位进场后、主体结构封顶后装饰、安装施工前。

12. 开工审批应具备哪些条件?

答：除应符合住房城乡建设部门统一印发的现场监理用表的条件外，新监理规范《工程开工报审表》增加了建设单位代表签字栏，此举表明，业主在开工前属于他们应准备的工作已经具备开工条件，如施工图已经过审图机构审查，规划许可证已经领到，现场地下管线等障碍物已经交底，具备数通一平条件，方可同意开工，否则有关责任就应由业主承担，这样既减轻了监理的负担，又表明了业主的责任，也比较公平合理。

13. 关于测量监理工作总监应重点关注什么?

答：(1) 根据有关工程质量管理规定和相关经验，一个单位（子单位）工程开工前，建设单位应当向施工单位、监理单位介绍工程周边环境状况，提供地下管线、障碍物等情况资料，应当移交工程控制点的测绘成果及规划批准的红线图，并且在现场办理三方交接手续。

(2) 施工单位由专业测量工程师定位测量放线，并对控制桩有可靠保护措施后，书面报监理复核，总监和土建专业监理工程师应审核申报材料并检查现场准备工作情况，符合要求后，及时通知监理单位的专业测量工程师到现场复核。

(3) 桩位复核和楼层的轴线、标高复核，可由现场土建专业监理工程师复核。

(4) 注意：施工过程中如有重大变化（如桩位移动）必须请求监理单位专业测量工程师重新复核（这方面有过不少这样的教训)。【案例：开发小区项目，总平面布置放样竟偏差16m，某研究所外迁工程新址打桩后发现房屋整个方位错了，某医院1幢楼偏位0.6m，某大楼有数十根桩严重偏位……】

14. 总监如何准确判断必须签发暂停令? 必须要事先征得业主同意吗? 万一业主不同意怎么办? 需要向主管部门报告时犹豫不决怎么办?

答：第一，要判断准确，是否是质量、安全的重大问题。如果判断不准，同样会产生被动局面，一旦产生误判，施工单位会不买你的账，业主也会反感，监理工作就无法做下去了。不能动辄以停工吓唬人。首先要有充分的依据。根据《建设工程监理规范》的规定，以下情况之一总监可签发工程暂停令：

(1) 建设单位要求暂停施工且工程需要暂停施工的；

(2) 施工单位未经批准擅自施工或拒绝监理机构管理的；

(3) 施工单位未按审批通过的工程设计文件施工的；

(4) 施工单位未按批准的施工组织设计、(专项) 施工方案施工或者违反工程建设强制性标准施工的；

(5) 施工存在重大质量、安全隐患或发生质量、安全事故的。

第二，关于是否一定要事先请示业主问题，应当视具体情况而定。

如果业主代表比较正直，又懂技术和利害关系，能够支持监理的正确决定，事先征得其同意是顺理成章的事。

但如果事先了解业主代表不懂问题的严重性（不能判断什么是强制性标准，什么情况下应该停工，或者借口怕影响进度，或者与承包方有经济利益上的利害关系，这三种情况下业主都有可能不同意停工）那么在施工阶段，除了这三种情况以外的，还有多少是业主会“同意”停工的情况呢？事先请示了业主，业主不同意，你又不敢下令要求承包方停工整改（否则怕担当与业主硬顶的后果），一旦出了重大质量、安全事故监理能逃脱责任追究吗？这就要求总监应当学会趋利避害，化险为夷，学会决策原则：“两利相权取其重，两害相权取其轻”。在害怕得罪业主或承包人时，要弄清是面子重要还是法律责任重要。

当然在具体操作过程中，有许多方法和技巧，应当审时度势，随机应变，切不可生搬硬套。这里需要处理好以下三个关系：

（1）法律责任与业主违规、监理担责之间；

（2）工程质量、安全与工期之间；

（3）监理单位的责任风险与业主个别成员的面子（人情）之间。

提请注意：无论签发暂停令还是通知单，都必须切实起到作用，要“发出去，收得回”。不能有去无回，要有处理结果，言必行，行必果，就是业内常讲的“闭合”问题。就跟下棋一样，这一步棋下去，后一步、两步，甚至三步怎么走，都得考虑到。这是与违章、违规的施工单位之间的博弈，切不可简单从事，否则非但起不到应有的效果，反而会削弱监理的威信，造成被动。这也是后面要谈到的，与施工单位博弈的技巧与结果，是否在向有利于质量、安全的掌控转变，就看总监的水平与能力，否则，发出去收不回，将会产生十分被动的结果。

第三，应当使业主和施工单位都理解：暂停令顾名思义只是暂时的、局部的停工整改措施，目的是通过停工整改，消除质量、安全隐患，还同时起到引以为戒的作用。如果要求整个工地全面停工，监理则没有这个权力，事先一定要征得业主同意。这就是为什么设计停工令表格时，前面要加个“暂”字的道理。有时经过判断，估计可能业主不会同意，但又非得停工不可时，必要时可采取先斩后奏的办法。《建设工程监理规范》要求紧急情况下可以先下暂停令，事后24小时内必须向业主书面报告。实际上，我们签发暂停令时都同时抄报给业主了，即使不事先征得业主同意，也不会违规，有什么必要束手束脚的呢？再说，上一道工序验收不合格，不得进行下一道工序施工，这是法规赋予我们的职责。比如主体结构隐蔽前，监理验收钢筋、模板支撑、甚至安装预埋管线等都不合格，验收未通过，施工单位却强行浇筑混凝土，这时下暂停令，还需要得到建设单位同意，那这个监理就形同虚设了。

15. 总监如何在质量控制、进度控制、安全监管方面，权衡利弊，处理好相互关系？

答：在工程项目的四大目标上，平时最常发生也最为纠结的矛盾往往是工程质量与工期、安全三者之间的矛盾。其实，只要业主代表懂得基建程序，有工程管理经验并有点辩证法哲学头脑、有对本工程长期负责的理念，这方面是不会有问题的。

事实上，常常遇到开发商项目和政府投资的政绩项目，业主现场代表主观上或是客观上都与上述条件背道而驰。这就要求总监，针对实际情况，做好宣传解释工作，有时甚至先做施工单位工作，业主工作就好做了，这在军事上叫作迂回战术。

16. 如何重点做好三控一监管中的事前、事中控制？

答：事前：要认真抓好《监理规划》、《监理实施细则》的编制，提前规划好本工程的监理工作目标、程序、方法和措施，以及监理工作的特点、重点、难点及其对应措施；要认真审查施工单位的资格（包括企业和人员）以及各项工作的准备情况；认真审查施工组织设计或专项施工方案，进行开工条件审查和审批。

事中控制：主要应当抓施工组织设计（方案）落实情况的检查，其中重点是抓组织落实，才能控制好质量、安全、进度措施的落实，抓好工程变更、签证、工程款支付等重要环节；通过巡视、检查、平行检验、旁站、验收（包括材料验收，原材料质报资料、现场见证取样送检、工序验收、隐蔽工程验收，分部分项工程验收、单位工程竣工验收等措施，实施质量控制、安全监管）。

采取上述控制方法时，一定要随时检查施工单位组织落实情况，组织不落实，各项工作就很难做到位，应采取相应措施。

以上工作每一个环节都不能放松。

17. 总监如何做好对分包单位的资格审查和管理？对业主直接发包的分部、分项工程如何管理？

答：审查分包单位资格应包括以下内容：

（1）营业执照、企业资质等级证书。

（2）安全生产许可文件。

（3）类似工程业绩。

（4）专职管理人员和特殊工种作业人员的资格。

（5）专职管理人员中重点审查项目经理、技术负责人（质检员、安全员）上岗资质，特殊工种的上岗证一定要查看原件，并在其复印件上签上监理审核人员的名字，盖监理机构印章。

（6）中等（二级项目）及以上规模工程应检查劳务分包情况，如有，则应检查劳务分包合同、劳务分包单位资质、现场负责人资格、安全员配置、特殊工种上岗情况。

（7）分包单位业绩，与发包单位类似的工程承包情况。

业主直接发包的工程，有的监理都不知道就进场了怎么办？

监理必须向业主问明，在不在监理工作范围，需要监理否。如果业主不需要我们监理，我们可以不管，但应有书面备忘录或业主的书面指令（会议纪要等）。如果业主说需要我们监理，则请业主把承包合同（协议）给我们，并通知该分包单位到监理机构来接受审查，并接受监理的监督管理。按国家规定审查其资格的同时要求在质量、安全进度上，一定要服从现场总包单位的管理，包括相应的工程资料，重要的（如涉及危险性较大的安全专项施工方案等）则还要总包单位技术负责人签字，加盖总包单位印章。监理例会分包单位代表也要参加（如装饰装修工程、电梯安装工程、幕墙、钢结构工程等）。

18. 工程计量、支付，总监应当注意什么问题？

答：（1）必须是经过监理验收并且是验收合格的工程量方可计量。

（2）必须有充分的依据，符合合同要求。

（3）必须有施工单位经项目经理签字、盖章的申请报告，并附相关资料和工程量计算书。

（4）专业监理工程师应当注意收集引起工程量变化及计量的原始记录，包括图纸及其他技术文件（投标文件的商务标）、施工合同、会议纪要、各类变更、签证、业主通知、会议纪要及影像资料等。对施工单位申报表中的附件有关工程量及价格计算都应审核。

(5) 正式签批前应当与施工、建设单位事先沟通好，取得共识后方可签字。

19. 如何处理好施工单位自行检验与平行检验的关系？其间有何区别又有何联系？

答：作为总监和专业监理工程师，应当熟悉并精通各种工程质量验收规范、规程和标准，就不会被忽悠。

现行国家标准《建筑工程施工质量统一验收标准》GB/T 50300 第 3.0.3 条：建筑工程施工质量应按下列要求进行验收：……工程质量的验收应在施工单位自行检查评定的基础上进行。这是强制性标准，全国工程技术领域的任何单位和个人都必须遵守。

关于工地现场进行回弹检测一事，有个别地方部门违规要求现场监理人员对混凝土结构实体进行回弹检测，并作为判定混凝土强度的依据和考核监理工作的标准之一。这种规定明显违反《混凝土结构工程施工质量验收规范》的要求。《混凝土结构工程施工质量验收规范》GB 50204—2002（2010 版）第 10.1.1 条：对涉及混凝土结构安全的重要部位应进行结构实体检验。结构实体检验应在监理工程师（建设单位项目专业技术负责人）见证下，由施工单位项目技术负责人组织实施。承担结构实体检验的试验室应具有相应资质。第 10.1.2 条结构实体检验的内容应包括混凝土强度……第 10.1.3 条：对混凝土强度的检验，应以在混凝土浇筑地点制备，并与结构实体同条件养护的试件强度为依据……第 10.1.6 条：当未取得同条件养护试件或试件强度满足不了要求时，应委托具有相应资质等级的检查机构按国家有关标准的规定进行检测。以上各条强制性标准都明确规定了混凝土结构实体检验的要求。监理应严格执行国家标准和技术规范，不做违规的事。

20. 总监如何组织安排好旁站监理？

答：(1) 严格执行建设部 189 号文指令，以及监理单位内部有关旁站的要求，在编制《监理规划》时就编制好旁站监理方案，同时向施工单位交底。

(2) 在需要旁站的关键部位、关键工序施工前，检查施工单位准备工作，安排好旁站值班人员，并提出要求（交底）。

(3) 旁站期间，总监应与现场人员保持信息畅通，重要部位的结构混凝土浇筑，总监应主动询问现场情况，遇紧急情况应及时到场处理。【案例：2010 年 1 月的一天深夜，浇筑 1m 厚度沉井井壁混凝土时，出现了局部严重胀模，笔者作为总监，接到旁站人员报告后，立即赶赴现场，在施工项目经理指挥工人抢险加固的同时，我要求施工技术人员赶快安排停在工地上的 8 辆混凝土泵车，在非胀模部位继续浇筑混凝土，既防止混凝土凝固在泵车内，又避免井壁混凝土因间隔时间太长产生施工缝，有效地防止了一起大型沉井井壁混凝土浇筑的严重质量事故。】

21. 总监如何审批《监理实施细则》？编制和审批中应当重点注意哪些问题？

答：首先应当明白，什么专项工程需要编制监理细则：监理规范规定，对专业性强、危险性较大的分部分项工程需要编制监理实施细则。

总监在组织专业监理工程师编写《监理实施细则》前应向参编人员进行交底，告诉他们怎么写、注意哪些事项、首先要符合规范要求；如何抓住工程特点、难点、重点，有针对性地编写，提出具体要求，这样在审核把关时就顺利多了，也可以使大家少走弯路。《监理细则》可根据工程特点，预先策划，本工程需要编哪些细则，什么时间编，都挺有讲究。

审核的依据，应当注意看重其内容是否符合设计和规范（包括各专业技术规范、强制性标准，以及监理规范中的监理细则规定），是否与经过批准的施工组织设计或专项施工方案相一致，还要看是否有针对性和可操作性。

注意：切不可把监理规划或监理细则中关于监理工作方法与措施的内容，写成施工操作的注意事项和施工措施。

22. 总监如何抓好进场材料、构配件、设备的验收，以及见证取样工作？

答：(1) 总监应当安排专业监理工程师（见证取样员）专人负责对材料、构配件、设备进场验收。从原材料的质量保证资料、观感质量、进场批次、抽样送检，大的环节都要过问，随时检查落实情况。

(2) 要检查检测单位的资质是否与需检项目相符，施工单位送检过程，监理部应派人跟踪监督。

(3) 所有送检复试材料，都必须在使用前得到是否合格的检测报告。坚决杜绝先用后检。

(4) 各类材料检测报告应按要求建立分类台账。台账的检测材料应与隐蔽工程验收记录等相关材料相互印证。

23. 总监如何抓好信息资料管理工作？资料工作搞不好，是否就是资料员责任？

答：(1) 应参照监理单位的要求，建立信息资料管理、归档制度，安排专人负责（可兼职）资料管理工作。总监应对资料员进行一些业务知识培训。

(2) 按照工程资料归档整理规范、建设工程监理规范和当地住房城乡建设部门要求，管理好施工过程中形成的各类工程资料。

(3) 做好分部、分项工程和单位工程竣工资料的审查、验收、移交工作。

(4) 资料管理是否符合要求，不只是资料员的事，主要责任应是总监。资料员只是负责对监理过程中形成的各类文件资料进行收、发登记，整理归档工作。资料的及时性、准确性、符合性、完整性，总监和专业监理工程师都应当在监理过程中审查把关。《建设工程监理规范》规定，总监理工程师的职责就包括：组织编制监理规范、审批监理实施细则，组织编写监理月报、监理工作总结、工程质量评估报告，组织整理监理文件资料，以及审查相关监理过程形成的文件资料。

(5) 所有工程资料上的签名，都必须由当事人签署，不得打印，不得代签。

24. 总监如何安排、管理好监理日志、监理月报的编写工作？

答：总监一般情况下应当安排专业监理工程师记录、整理监理日志。

(1) 监理日志应当全面详细记录当天工地上发生的事情。

(2) 监理日志的内容应与其他监理表的内容一致（如旁站记录、质量验收记录、安全问题处理记录、会议情况、工程款支付申请审批情况、签证情况、通知单、联系单的签发情况等）。

(3) 监理日志应当每天及时记录，总监（总监代表）应及时审核签字。签名应符合要求，记录人、审核人（总监或总监代表）应及时签字，应记录当天在工地上班的所有监理人员的姓名。

25. 为什么在注重工作方法时要抓落实，注重实效？

答：监理对承包商的要求，一定要说到就要做到，要么就不说。说到就要做到。否则说出去，收不回，那是极其尴尬的事。应当做到“言必行，行必果”。日常遇到最多的就是通知单发出后，没有下文，或是落实不彻底。最后失去的是监理威信和权威，损失的是工程目标的有效控制。

26. 总监如何管理好监理机构，为什么必须熟悉和了解建设监理规范中监理人员的岗位职责？

答：如果总监不了解规范中的监理人员职责，就难以做到合理分工。对监理部人员，要做到合理分工，任人唯贤，而不是任人唯亲；应当量才使用，使监理人员的内在潜力发挥最大化。分配任务、交代问题时，必须明确各自责任，不可模棱两可，否则难以落到实处。有时听到现场有一个说法，叫分工不分家，过分强调分工不分家的结果，变成谁也不问，谁也不管。分工不分家的提法没有错，但首先必须是分工明确。所谓不分家，只是当原分管的人一时不在，或工作遇到困难时，其他人应主动帮忙顶上去。对监理人员要一视同仁，一碗水端平。对监理人员要既要胸襟宽广、平易近人，又要严格要求，制度管人。光靠人性化，没有制度化，是管理不好人的。

27. 总监如何组织召开好专题会议、分部工程验收会议、监理部内部管理会议？

答：(1) 要开好上述会议，首先应根据会议特点做好充分准备。提前拟好会议议程、参会单位及人员名单、会议议题，准备好监理的发言提纲、提前通知相关单位，告知各单位应准备的事项。会前还应做好与业主、承包方等主要相关单位的沟通。安排好能胜任的会议记录人员，重要事项或有关单位的重要意见，总监应自己做好记录。

如果是分部工程验收会议，则事前应做好预验收，检查工程质量控制资料是否齐全，检查现场实体质量是否符合验收要求，对需要整改的问题必须在限期整改并复验合格后，写出质量评估报告。

(2) 会议主持人一般应是总监。总监应当紧扣主题，需要发言表态的单位、个人，要尽量让其充分发表意见。但对走题的发言，应及时拉回来。

(3) 会议需要形成围绕主题的有关各方一致性意见，总监应善于在会上当场总结，尽快达成共识，会后写入会议纪要。

(4) 总监应主持起草会议纪要，亲自把关，从会议内容，到文字、语法都要精心修饰，审查无误后方可发出。

28. 施工组织设计应当审查哪些内容？

答：总监应组织专业监理工程师审查施工组织设计，审查的内容如下：

(1) 编审程序应符合相关规定。

(2) 施工进度、施工方案及工程质量保证措施应符合施工合同要求。

(3) 资金、劳动力、材料、设备等资源计划应能满足工程施工需要。

(4) 安全技术措施应符合工程技术强制性标准。安全事故应急预预案应符合江苏省住房城乡建设厅规定的五个方面内容。

(5) 施工总平面布置应科学合理。

29. 施工方案应审查哪些内容？

答：总监应组织专业监理工程师审查施工方案（包括质量、安全专项施工方案）审查的基本内容主要有以下两个方面：

(1) 审批程序应符合相关规定。

(2) 工程质量、安全保证措施应符合有关标准，特别是强制性标准。审查施工方案应注意技术（相关计算是否准确，是否符合技术规范）符合性审查。

（3）对施工组织设计和施工方案的审查，有其共同点，一是程序性，二是符合性，三是有针对性。要防止只强调一方面的偏向。

30. 进度计划审查应包括哪些内容？

答：施工进度计划审查应包括以下内容：

（1）施工进度计划应符合施工合同中工期的约定。

（2）施工进度阶段性计划应满足总进度控制目标的要求。

（3）施工顺序安排应符合施工工艺要求。

（4）施工人员、材料、施工机械等资源及工艺技术，应能满足施工进度计划的需要。

（5）施工进度计划应符合建设单位提供的资金、施工图纸、施工场地等施工条件。

（6）现场实际进度与计划进度应作比较，发现偏差，应分析原因，向有关方（承包人或业主）提出意见或要求。

31. 如何开好监理例会？

答：必须高度重视，讲究实效。

（1）要提前通知，即使每周固定的时间也要提前一天通知，防止有关单位忘记，或开会时间与内容有变。

（2）总监应提前准备好发言提纲。不要想到哪里就讲到哪里，没有重点。首先简要对上周工作进行点评，主要围绕质量、安全、进度、投资（不一定每次都有这些问题），然后对施工管理工作中的成绩和存在的不足之处，提出改进的要求。注意，必须简明扼要，因为施工单位汇报比较详细，无需再重复叙述一遍。

（3）总监是会议的主持人，第一次应当交代开会纪律，应要求各单位由一名代表主要发言，其他人可以补充。各单位参加会议的人数，事先协商确定。业主代表（行政负责人、技术负责人）应参加，施工单位的项目经理、项目技术负责人、施工员（技术）、质检员、安全员必须参加，监理部的总监、专业监理工程师记录员（可以是专业监理工程师或监理员）参加。如果项目规模较大，专业监理工程师可以分别由土建、安装专业监理工程师代表参加，必要时有关单位领导参加。

（4）会议发言要简明扼要，对已经整改符合要求的不要翻老账。总监应认真听取别人发言，以便在整理、编写、审核会议纪要时能准确无误地反映出各方意见。

（5）会议纪要内容应全面，突出重点，篇幅不宜过长。刚开始时怕业主不放心，可以先给业主代表看一下。会议纪要整理时间不能过久，一般在开会的第二天下午就应发出，否则就失去时效。

（6）例会后的一周，对会上形成的意见，应逐项检查落实情况，遇到问题应及时采取相应措施。

32. 进度付款申请和竣工结算款支付申请的审核应注意哪些事项？

答：（1）申报的时效性，必须符合合同约定和跟踪审计要求。

（2）应有计量、计价的计算书，附必要的图表及签证资料。

（3）报审的支付材料应当依据充分、计价合理、准确有效。

（4）报审程序应符合要求，计价支付的材料上，应有编制、审核、批准三人签证，盖项目部印章，不得代签。

（5）必须是经监理验收合格的工程量方可计量。

（6）申报过程施工单位的项目经理应当直接与总监沟通，总监应利用审批付款机会，向施工方提出相关管理要求，不要把付款申请看成一个独立的事情。否则，国家规定的工程付款须经监理审批就发挥不了作用。总监应该为控制好工程目标充分行使和利用这个权力，国外的监理工程师也是这样，我国实施监理制度前的省、部属企事业单位、政府机关的工程投资管理规定也是这样，建设单位代表一直行使过这样的权力。这种“要挟”、“权力的交换”有什么不可以呢？有的总监不善于运用这个权力，监理工作很被动（据了解，国际上通用的惯例也是承包商凭监理工程师的签字，才可得到投资方付款）。

33. 如何做好工程变更、签证的审核、把关？

答：平时监理应做好相关工程变更资料的收集、整理工作。变更一般是指原设计文件以外的工作。所有变更都必须以有关各方的书面签字为准。工程变更（设计变更）来自多方面的，一定要以法律法规、承包合同、技术规范为依据，原始记录、资料、手续等齐全。总监和专业监理工程师应首先审查其合法、合理性，在对其变更内容进行审核把关时应分门别类，酌情处理。

（1）工程变更

设计变更——出设计变更单

业主要求——属于施工图范围的，则应有设计认可

承包方要求——监理审核其合理性，退回或请业主转设计单位认可

客观条件变化引起——有关各方共同协商后出具变更

经建设、设计、施工、监理研究后审定同意的，则按监理规范要求签署工程变更单，有关各方均签字、盖章。

（2）工程签证

承包方要求——经监理审核、业主认可签证

业主要求——业主代表签字认可后经监理转承包方

34. 遇到施工方对监理人员不尊重，不服从管理，甚至语言辱骂、要动手打人怎么办？

答：处理的方法：

（1）找项目经理和技术负责人，指出问题的严重性，并且提出警告，不得再发生类似问题，否则总监将利用监理合同和监理规范授予的权力，要求撤换不称职的管理人员（包括分包队伍和工人）。

（2）如属于项目负责人不称职，可以找承包商的单位负责人反映，要求加强教育与管理，否则有权要求换人，这是监理合同委托的权力。总监应当坚决维护监理人员的权威，同时采取积极有效的措施，避免矛盾激化。

（3）找项目部所在施工单位的上级负责人，要求尽快采取措施，严格禁止恶性事件发生，同时向业主报告；必须把对立情绪的苗头消灭在萌芽状态，防止极端事件的发生和事态的扩大。

（4）整个事情的处理过程，都要及时向业主报告，取得业主的理解与支持。要注意，自己想办法控制对方，而不是完全依靠业主出面解决。过分指望业主，有时非但无济于事，反而会适得其反。

35. 总监的工作方法应重点抓哪些？

答：(1) 重点抓质量控制、安全生产管理的监督管理。

(2) 有五抓：大、稳、准、快、好。

(3) 有五性：合法性、公平公正性、独立性、周密性、专业性。

36. 总监在内部管理的工作方法中，应着重做好哪三件事？

答：按《孙子兵法》所说“法者，曲制，官道、主用也”。其中的法是指法制；曲制，就是队伍的组织、编制、通信联络等具体制度，我们现在的监理机构组织的建立、人员分工、通信联系等；官道，根据将吏的管理制度，引申为我们监理部的人员分工及岗位职责，岗位考核、考勤制度等；主用，指各类军需物资的后勤保障制度。作为监理部，刚到一个工地，从办公室安排、办公用品配置、吃饭、住宿、交通、合理安排休假等事项，总监都得操心，并妥善安排好。就是所谓的“关心群众生活，注意工作方法”。

总监的工作方法，应当掌握好天时、地利、人和三大要素，应在遵守各项原则的基础上采取灵活机动的战略战术。

37. 总监为什么应及时处理相关问题，做好风险转移？

答：在及时处理相关问题上，总监应当学会踢球、传球。应注意，这里讲的绝对不是通常意义上的互相推诿、不负责任的“踢皮球”，而是应当及时处理、认真落实发现的或需要处理的问题。如以下事项：

(1) 施工组织设计、方案，如果审查不符合要求，应尽快提出具体意见返还给施工方。

(2) 属于业主要求或认定的事项，施工单位报来后，应及时签署意见后报业主审定，不可滞留在监理部，耽误工作。

(3) 发现安全隐患，应及时按程序处理，切不可拖拉。大家都知道，打排球、篮球时，球捧在手上带球行走即为犯规，在监理工作中也是这样，不但犯规，有时甚至因为监理没有及时处理和回复，造成工作延误，发生可以避免的质量安全事故应对产生的后果承担监理责任。因此，要学会及时传球、踢球，是总监必须掌握的基本功之一。

(4) 又如隐蔽工程验收未通过，就不能浇筑混凝土，监理必须在书面验收意见上明确签署验收不合格，不同意浇筑混凝土，并及时返还给施工单位。不要压在手上迟迟不答复，否则施工单位视为监理认可，继续施工，一旦出了问题，监理肯定会承担监管不严或监理不到位的责任。监理的正确指令及时发出了，起码尽到了一定的责任。这方面有过经验教训。

《建设工程施工合同（示范文本）》GF-2013-0201 规定，凡是施工单位报告隐蔽工程或分部分项工程验收的，监理应当在 48 小时内及时验收，监理人未按时进行验收，也未提前书面通知推迟延期验收的，承包人有权自行验收并隐蔽覆盖，监理人应认可验收结果。

(5) 在对监理部的工作考核检查中，经常发现有的监理发出重要通知单施工单位没有及时回复，要求整改的问题一直没有得到落实是不对的。监理的基本职责就是要能发现问题，解决问题。而一旦发现问题，就要一抓到底，抓住不放。抓而不紧，等于不抓。

38. 总监抓工作的方法有哪些窍门必须学会？

答：要学会“弹钢琴”，掌握技巧。10 个手指头不是使同样的劲。

要一手硬，一手软，软硬兼施。这是与人打交道的重要策略之一。尤其在组织协调工作中，必不可少的宝贵方法与经验。后面将分别以本人的工作实例，在有关条款中分别列举与难沟通的业主、与难管理的承包方、与难说话的设计、与质量监督部门的打交道的经验体会。有时需要卧薪尝胆、韬光养晦，有时则要刚直不阿、大义凛然。有时一味委曲求全，反而会适得其反，导致监理处于被动地位。

39. 总监如何用好权，才能使责、权、利的博弈产生积极效果?

答：总监既要充分行使自己的职权，将自己的权力用足、用好，又不能专权、贪权、越权，更不能滥用职权、以权谋私。总监在行使自己权力的同时，千万别忘了“行权只是手段，负责才是目的”，要勇敢地面对职业责任，不逃避，不退缩，勇往直前，担当起社会责任，实现自身价值。能否敢于担当，也是对总监的道德修养的考验。

对监理企业内部，总监应有确定监理部人员和岗位职责的权力，有对监理人员批评、教育、考核权，包括培训、定级、奖罚、晋级的初审意见权，对不称职的监理人员的调换要求。对外，总监应当通过恰当方式，向业主多争取一些本应属于监理的权力。对业主过分揽权的情况，总监应据理力争，坚持：有理、有利、有节的原则，向业主说明放权对过程控制的好处，当然首先得通过勤奋工作、优良的服务，多取得业主好感才能得到业主的信任和支持。只要业主不直接插手或受理施工单位的具体事项，而是通过总监来处理，施工单位想架空总监的企图就会落空。

40. 总监为什么必须坚持实事求是、勤奋踏实的工作方法?

答：工程项目管理是一项综合性强的系统工程，是理论与实践紧密结合的复杂过程。总监在日常工作中，一定要深入现场，熟悉图纸和规范。遇到问题，处理问题，都要从实际出发，依据PDCA循环原理，找出最佳解决方案。只有全面真实了解工程进展的实际情况，才能有发言权，也才能提高监理的威信。

41. 总监面对本来属于下属不会干或者干不好的事，是越俎代庖，代为其劳，还是告诉他们方法，让他们学会自己动手?【(庄子·逍遥游) 中只掌管祭祀神主的人不能越过自己的职守，放下祭器去代替厨子做饭。】

答：应当是后者的做法正确。现在不少人由于网络发达，可以从网上下载各种各样的工程管理文件，大到《施工组织设计》,《监理大纲》,《监理规划》,《质量评估报告》，小到《专项施工方案》、《监理实施细则》。现在的学生，从小就用电脑，也不要练字，练钢笔、毛笔字。一方面反映了社会的进步，同时也带来些许遗憾。有的大学生写的字，不如过去的小学生。大家知道，不管老师，还是家长，都不会鼓励学生去抄作业。何况工程监理文件的编写，几乎所有工程都有各自的特点，死搬硬抄是不行的，必须针对实际情况编写，切实起到指导作用。在审核监理文件中，时常发现，有人写出的东西常常是张冠李戴，出尽洋相。甚至有人要找《监理工作总结》样本。如果说格式，省住房城乡建设部门发布的监理统一用表上面都有，其内容也都有具体规定，“使用须知”里的那些内容就是该文件的编写提纲。如果初学者，看看现成的文件，开开眼界可以，切不可不动脑筋，照搬照抄。而且无论总监，专业监理工程师，还是监理员，通过自己动手编写，查设计文件，看施工单位的施工组织设计或施工方案，查阅相应的技术规范，也是熟悉的过程，对在施工过程中指导监理工作有很大的帮助，也真正起到其应有的作用。现在有的人，总想偷懒，不思进取，把《监理规划》、《监理实施细则》等文件当作摆设，放在柜子里睡觉，摆在那里做样子。做监理也应当是做学问，编写监理文件要踏踏实实，认认真真去做。这样，时间长了，一定会有长进，否则，干了若干年，连最常用的监理文件都不会写，作为工程师及以上职称的人，应当反省一下。让别人代劳的结果，自己一辈子都得不到提高，到老都不会。

42. 为什么不能轻易向第三方（比如施工单位请设计单位和主管部门包括建设单位）求助?

答：在建设工程施工阶段的管理工作中，经常会遇到施工单位对监理的决定不服，声称要向第三方求助或仲裁，监理在工作中遇到阻力时，也自然会想到向第三方求助。这里指的第三方，往往指设计、主管部门、建设单位。

（1）设计只对设计图纸中设计规范和技术质量负责，对施工规范和施工技术不一定了解，施工规范是对设计目的的保证措施，工程实体的质量是施工单位按设计和施工规范要求做出来的。但设计人往往不了解或不懂得施工规范，不熟悉施工操作规程，而且从利益关系上讲，只要其图纸没有错，施工质量问题与设计无关，设计往往不像监理那样有施工质量管控责任。因此设计的表态往往是放松的。

（2）主管部门也一样，他们中的有些人对设计规范和施工规范，包括对法律法规的理解，还不够全面和透彻，还有执行力问题。而且现在客观存在的社会风气，施工单位往往与主管部门关系较为密切，因为他们有执法权，有关部门也不一定会公平、公正地支持监理意见。但只要我们对问题判断很准，属于强制性标准之类的，主管部门也会尊重监理意见。所以总监的基本功一定要扎实，只要吃准了的事，施工单位找谁也没有用。

（3）向建设单位求助，也不可取。许多情况下，建设单位的现场代表也不是真正意义上的投资人。他的表态，与设计、主管部门一样，也可能有失公允，不要以为向他们求助、投诉，监理就一定能赢。况且，如果样样都要请建设单位出面才能解决问题，还要你监理干什么？不是充分反映了你监理的无能?

（4）必须明白：作为监理，想依靠设计单位、主管部门或建设单位，通过支持你的意见是可悲的，也是最忌讳的。一方面，说明你对设计意图和施工规范没有把握好，对技术规范、质量标准没有吃准。而这正是监理必须掌握的基本功；另一方面，在施工质量上，监理有签字确认权和否决权，也同时具有相应的责任，因此，上述单位的人是因为与他们无直接责任关系，他们的表态随意性较大，所以遇到问题和分歧，总监的判断依据应当是设计图纸与技术规范、规程、标准之类，还有《建设工程质量管理条例》、《建设工程安全生产管理条例》已经给了我们尚方宝剑，只想依靠别人支持解决自己职责范围内的事，是一种无能的表现。

美国第九任总统威廉·亨利·哈里森（Wiliom henry harrison，1733～1841）曾经说过："求助是软弱的表现"。当总监的，不要自己不动脑子轻易去求助别人。要把主动权始终掌握在自己手中，只有当确认此事，第三方是与我们一致的或者非请第三方不可的情况下，才有可能向第三方求助，增加我们的正能量，起到积极作用，而不是相反。

43. 监理对施工单位违规处罚的主要手段是哪些，为什么不提倡采用罚款的方式?

答：主要批评处罚方式有：口头、书面通知，会上批评，要求整改、返工，不整改，就不予进行工序验收，不得进行下一道工序施工，不得在材料或工序验收记录上签字，隐蔽工程监理验收不通过，就不让隐蔽，或者可向业主打个招呼，签发暂停令。如果还不停止施工并进行整改，则应该及时向主管部门报告。紧急情况下可以先电话报告，再发书面报告。以上就是法律法规和合同授予我们的权力，也是监理的处罚手段。不等于不罚款就不是处罚，这是一个误区（注意这里讲的报告与刚才讲的仲裁是两个不同的概念）。

至于罚款，其一是没有任何依据的，监理不是行政执法单位，没有行政处罚权，只有地方政府主管部门有这个权力。到下面检查工作，偶尔发现有的总监还煞有介事地在那里签发罚款单，结果施工单位不一定听你的，反而增加对监理的抵触情绪；即使开罚款单了，监理也不能拿到，业主迟早会还给他们的，有什么意义呢？有的说，是业主叫我们罚的，千万不要干这个愚蠢事。当总监的，一定要弄清楚，什么事该做，什么事不该做。不能说是别人叫你干的你就可以干，那是十分愚蠢和可怕的。无论是质量控制，还是对施工单位安全生产管理的监管，监理不能靠罚款去解决问题。【案例：有一年底，桩基施工单位不及时将施工完成的桩露在地面的洞口及时封盖，当时工地还没有封闭施工，非施工人员可以从工地走过，存在较大安全隐患。在例会上，业主代表表示，你们监理检查出一个洞口不盖，罚款100元。后来看到该业主代表与项目经理走得很近，监理开罚单没有用，如果不整改，万一有人掉进去［此前出过掉入洞内（混凝土静压管桩）死人的事故］，监理并不能免去监管责任，笔者还是采取通知书限期整改，并且威胁将要向主管部门报告，迫使施工单位在春节假期前全部覆盖到位。】我们的目的是通过监理的方法与措施，达到工程管控的目的。解决不了问题也没有权力处罚，罚款的手段不要使用。

44. 总监是否应掌握一些辩证的工作方法？

答：是。我们一般讲的是特指唯物辩证法。辩证法是一种科学的世界观和方法论。它要求人们看问题应客观、全面、科学，不能走极端。

（1）要具体问题具体分析，任何事情都要从实际出发，不能死搬硬套，但执行法律法规和强制性标准是两回事。要用发展的眼光看问题，切不可把人看死，把事情做绝。

（2）应当实事求是地分析问题，解决问题，不要做没有针对性的事。

（3）要说到做到，切不可食言，言而无信，将会失去威信，很难开展工作。

（4）要学会一分为二的方法，切不可把什么事情都绝对化：既不可把复杂的事情简单化，也不可把简单的事情复杂化。

（5）不能前言不对后语，无论对待他人或是对待自己，前面做过的正确事，不要后面又全部否定，要前后的表态一致。

（6）即使是难以沟通的业主或难以管理的承包人，都有他们的优点，要发挥他们的长处，肯定他们好的一面，对他们的不足之处，采用各种方法予以纠正。与各方关系的博弈，有时要学会“求大同，存小异”。

（7）要学会关心群众生活，注意工作方法。在监理人员面前，要平等待人，吃苦在前，享受在后，处处起模范带头作用。要做到“己所不欲，勿施于人”。要求别人做到的，自己首先必须做到。要“严于律己，宽以待人”。

（8）要学会抓重点，带一般；抓两头，带中间，学技术，抓管理。要严格遵守PDCA循环的工作方法，计划、实施、检查、处理、总结、提高。

45. 总监对监理部的管理，如何做好上下沟通工作？

答：对监理机构的组织管理，应当不要忘记传统的正确观点：批评要恰如其分，应注意方法、场合，个别问题尽量个别谈话，批评要诚恳。只要本着与人为善的态度，一般被批评者会接受；不要轻易把矛盾上交。对帮助无效、甚至违规违纪的，应坚决按员工管理制度办事，切不可姑息迁就，否则影响整个团队。必要时可采取措施，撤换不称职的监理人员。监理单位的管理部门，也要理解和支持总监工作，不要规劝容忍不能胜任监理工作的不负责任、不称职的监理人员滞留监理部，不但影响监理工作质量，而且对年轻的有专业学历的人员不但不公，甚至带来其他负面影响，使总监的工作担子更重，在业主和施工单位面前监理的形象和威信也会大打折扣。对于缺少经验的中青年人员可以帮助培养。根据《建设工程监理规范》GB/T 50319—2013 中对监理员（监理队伍最初级的起点）的定义：从事具体监理工作，具有中专及以上学历并经过监理业务培训的人员。以前由于监理业务发展迅速，招进了一些没有专业学历、专业知识、没有职称的人员，明显难以胜任监理工作。要让不会吹竽的南郭先生逐步被淘汰，能有利于提高监理队伍人员素质，增强监理企业的核心竞争力。

有专业学历的工程技术人员是总监便于工作、便于沟通的条件和前提。

46. 当有关单主管部门错怪监理怎么办?

答 ：当设计错怪监理时，一是要据理力争，应当从技术规范（包括设计和施工规范）角度作解释，这就要求深厚的专业技术理论功底和精通设计规范、施工规范的本领。

日常工作中，包括业主、施工方也常有此类现象发生。要在自己精通技术规范、监理工作尽心尽责的情况下，学会保护自己。要学会“兵来将挡，水来土掩”的本领，将被动变为主动。总监应具备这样的自信与勇气，关键还是与自身的专业技术水平和管理能力有关。

当地主管质量监督的部门错怪监理，总监说明情况，解释清楚后，反而使他们过意不去，以后到现场对监理更加尊重。实践表明，只要监理是认真敬业的，无论建设单位、设计单位，还是主管部门，他们对施工过程、施工技术规范、施工方案等都没有监理清楚，监理是不可能被动的。

47. 怎样正确理解与运用非常的方法与措施，达到正常的监理工作目的?

答：有些情况，监理用正常的方法通知、联系、沟通、协调都无济于事有可能产生僵局时，不妨采取非常的手段，即“哄、吓、诈、骗”的方法可能会起到意想不到的效果。

所谓哄，含义很广，赏罚分明也是哄。有时施工单位操作人员会偷懒，或疏于管理，光讲大道理效果甚微，甚至可以给他们戴高帽子，表扬他们好的一面，哄着他们干；吓，有时不听话，就用他们害怕的领导、业主代表或主管部门来吓唬他们：不然我们就把矛盾上交，他们一般也会买账；诈，就是所谓的“兵不厌诈”；骗，比如现场春节前工作管理松弛，我们就骗他们，如果不抓紧在节前把相关工作完成好，建设单位不准春节放假，结果还真灵。这样的哄、吓、诈、骗，有利于工作，不违反法律法规，又不损害他人利益，有何不可呢？我们这里所说的“哄、吓、诈、骗”，与损人利己为目的行为有着本质的区别。我们是以达到工程合同目标为前提，为业主为社会交出合格的工程、确保质量与安全而采取的非常措施，善意的谎言是无可指责的。

当然此方法不是在任何情况、任何对象面前都适用，应当活学活用。在“博弈论”中，人的行为是以自身利益为出发点，所以只要说谎对自己有利，每个人都会说谎。在这种情况下，万一我们说的话分量不够，如何才能让别人把我们的威胁或承诺当真呢？方法之一，只畏惧可信的威胁，只相信可信的承诺。方法之二，有时给人以不理性的才能会有好处。这是博弈论中的威胁博弈。注意：要使被威胁的对方相信你的威胁不是虚张声势，所以才能起到震慑作用。不要学“喊狼来了”的放羊孩子那样，到真的狼来了，使人不相信，反而误了大事。要提高威胁的可信度，……否则他们会置之不理，仍然我行我素（比如不要动辄“我们要向业主报告，向主管部门报告、我们要让你们停工”等威胁的话尽量少说）。目的是解决问题，只要他们认真改了，我们也不要再提，让他们把我们当成可以信赖的朋友，而不是针锋相对非要压倒对方的敌人，对于他们的合理诉求，我们也要尽可能地满足他们，兑现能办到的承诺，他们可以心悦诚服地尊重我们，服从我们管理。

48. 总监如何监理业主直接发包的分包工程？施工单位项目经理长期不到岗怎么办？

答：在分包工程中，业主直接分包的工程往往比较头痛，因为其与业主关系密切，态度傲慢，容易我行我素，不听监理管理。可以采取以下措施：

(1) 分包工程是否符合规定，按照建筑法规定，应当不在主体结构范围，不在总包单位资质能够承担的施工范围。

(2) 有无分包协议，必须经监理审查，分包单位和人员资格应符合要求。

(3) 问业主，明确是否要我们监理。如不需要我们监理，我们发份备忘录，说明原因，可以不管；如果业主需要我们监理，则应纳入我们的管理程序。

(4) 监理召开有业主、总包、分包参加的协调会，明确相关责任与义务，质量、安全、进度，分包单位都必须服从总包单位的管理和监理的管理。

(5) 按国家规定，分包单位有关安全生产许可证、安全员、质检员一定要有，特殊工种上岗人员资质应当具备。项目负责人应具有相应的任职资格。如与合同不符，则要求办理变更手续，施工单位打报告说明原因，经业主同意签章。

(6) 有问题及时向业主反映。如果是业主的私交，也要有不同的策略应对。

(7) 针对项目经理长期不到岗情况，有以下处理方法：

1) 如果是中标的、施工合同中又载明的项目经理不能到岗，应书面通知施工单位必须限期到岗，同时报告业主。

2) 如果确实不能到岗，则应要求办理变更手续，变更的项目经理资格应当与原项目经理资格相符，或者与本工程的规模要求一致，且能胜任施工组织管理工作。

3) 如果不办理合法的变更手续，又长期不到岗，则应向施工单位和业主发备忘录，必要时，可以向主管部门报告。

49. 总监如何做好过程控制？对施工单位的安全生产管理，监理重点应抓什么？

答：在以工程质量、安全为中心的监理工作中，预防为主，过程控制为主。尤其在工程质量控制中，一定要及时发现问题，及时通知施工单位采取相应措施，尽量避免不必要的返工，是监理工作最需具备的任务之一。在日常工作中经常发现，当重要的隐蔽工程验收时，许多分项工程都存在问题，验收通不过，整改、返工的工作量很大。比如，地下室基础、底板钢筋验收、楼层梁柱板钢筋验收，梁柱节点钢筋隐蔽验收、钢筋电渣压力焊验收，包括模板支撑体系，浇筑混凝土前验收时发现问题不少，再整改比较被动。实际上，这些工作在现场已经进行了少则 3 天，甚至在一周到 10 天以上，监理人员天天在现场转，就是没有及时发现并要求整改，或者只是提出了，没有整改，整改不到位，或者就是发现问题、解决问题的力度不足。所以，应当重视过程控制，加强现场巡查和平行检验，进行中间验收就显得十分重要。发现问题要及时催促承包人处理，不要拖到最后，不处理则留下质量、安全隐患，处理则返工工作量较大，而且结果还不理想。

对安全生产的监理头绪很多，但从业务知识方面，还是要有对质量、安全生产、施工方面的设计、技术规范、标准应当熟悉，认真审查专项施工方案并抓落实，同时应重点抓好《建设工程安全生产管理条例》第 14 条和住房城乡建设部《危险性较大分部分项工程管理办法》（建质［2009］87 号）为监管依据的程序控制。

50. 总监应当如何科学有效地管理好监理团队？如何充分发挥监理部的团队作用？

答：要使监理部成为一个能打硬仗的坚强堡垒，形成一个战斗力强的团队。对内团结一致，对外配合默契。必须讲究工作方法。发挥各自优势，各专业工种协调配合，互相支持。做到人人有事做，事事有人管。

这方面，主要应做好以下几项工作：

（1）监理部组织进场后，首先召开一次内部会议，大致介绍本工程的概况，开工前各单位的准备工作，作好内部人员岗位分工，交代监理工作制度、纪律。

（2）在监理工作中希望大家各尽其职，重点抓好以质量、安全为重点的工作。既要有专业分工，又要强调在总监负责制下的全员负责制，即无论质量和安全，所有监理人员在现场看到违规作业，有质量、安全隐患，都有制止义务和责任，问题严重的，应及时按程序向总监报告，应当实施总监领导下的质量、安全全员负责制。

（3）必须严格管理，密切配合，团结一致，努力完成公司交给我们的任务。日常工作中，采取民主集中制原则，希望大家充分发挥主观能动性，群策群力，支持总监工作，但必须服从总监领导。要对内团结友爱，对外协同一致。

（4）必须加强制度建设。包括公司规定的各项规章制度，并应根据实际情况指定适合本工程特点的制度。抓落实，抓管理。

（5）需要注意一个问题，在明确职责的分工时，做到分工不分家；但首先必须分工明确，岗位到人，否则就乱了套；还有，规范要求，“监理员发现施工作业中的问题，及时指出并向专业监理工程师报告”，但要规定，当重要事项专业监理工程师解决不了或不作处理时，监理员有直接向总监报告的义务，不得贻误。在项目监理部，必须坚定不移地贯彻落实总监负责制。

（6）应坚持监理内部会议制度，每月不少于两次。及时了解、沟通信息，掌握当前工作重点，研究相关问题对策；提醒内部应注意的问题。

（7）应经常不断地利用各种方式组织监理人员学习，学习专业理论知识，“四新”技术，新法律法规和技术规范，研究解决施工技术管理和监理工作中的难题和出现的新问题，把监理机构办成学习型的战斗集体。

### 2.7.2　总监的道德修养

道德：社会意识形态之一，是人们共同生活及其行为的准则和规范。道德通过人们的自律或通过一定的舆论对社会生活起约束作用。道德又有广义社会道德与职业道德之分。

修养：一是指理论、知识、艺术、思想等方面的一定水平；二是指养成正确的待人处事的态度。素质应与修养有关，而有的素质是先天特有的，非一时能培养出来的。这一部分中我把它结合到一起讲。

职业道德就是在职业生涯中做人做事的准则。在市场博弈中不损害他人利益并取得共赢。

监理人的职业道德修养具有丰富的内涵，其主要包括：职业理想、职业信念、职业文化、职业理念、职业义务、职业良心、职业荣誉、职业纪律、职业技能、职业作风、职业尊严和职业规范。

1. 在道德修养方面总监应具备哪些基本理念？

答：总监要求真务实、改革创新。守法、诚信、公平、公正、科学，要正确处理好独立自主与为业主服务、尊重业主的关系，真诚为业主服务。

解释一下这方面的含义：求真务实，就是要实事求是，不夸夸其谈，不讲或少讲空话、套话，一切从实际出发，从当前发生的问题中找出解决问题的答案和办法；"射箭要看靶子，弹琴要看对象"；解决问题一定要有的放矢；要对症下药，不要乱开处方。改革创新，就是要不断改进工作方法，学习新技术，接受新理念，了解新信息。积极参与"四新"推广运用，要有创新的理念和不断总结提高的方法；要敢于走前人没有走过的路，要研究新情况，提出新的办法和新的理念。如果没有创新理念，老是跟着人家后边跑，那社会就不会进步，个人的出息也不会大。目前，已经进入新一轮技术标准、规范执行期，我们的总监不知是否比其他人员多学习和掌握了工作中的新规范。有的总监经常与我联系、探讨新规范执行情况，但也有不少总监似乎这方面的求知欲望不高或者只满足于一知半解，不想深入研究与探讨。

守法，是每个公民应尽的义务，总监作为监理企业在项目施工现场的总代表、带头人，理所当然是遵章守纪的模范，遵守职业道德的模范。否则，他就无法正常开展工作。

诚信，不只是做人的准则，而且是与各方打交道的成功关键。要言必行，行必果。试想一下，自己不守信用，说话不算数，人家不相信你，你还能正常开展工作吗？对业主也好，对施工单位也好，说要做的，做说过的。说到必须做到。不能做到的，不要轻易许愿、表态。诚信应表现在日常工作、生活中。

科学，是监理工作的根本。设计图纸、施工规范，施工、监理的一系列文件，都包含了大量工程技术理论基础和实践经验，充分体现了科学精神。我们的每一步行动和举措，都应当是有科学依据的，因此也就有一定的权威，而不是凭空想当然地工作，离开科学依据，就不可能有效控制和监管，更不能发号施令。

公平，往往公平与公正是相关联的。公平，就是处理事情合情合理，不偏袒哪一方；公正，公平正直，没有私心，容易赢得各方尊重。

要正确处理好独立自主工作与服务业主的关系，主要坚持按施工合同与监理合同办事，围绕业主对工程目标的期望开展工作，具体工作程序则应按监理原则和规定执行，要客观、公正地处理、协调好业主与承包商的矛盾与纠纷，在维护业主利益的同时，也要维护承包人的合理合法诉求。

2. 总监的职业道德准则有哪些规定？

答：十不准即属于监理职业道德的一部分，总监应带头做到廉政建设的十不准。

监理工作“十不准”：

(1) 不准私自与施工单位发生任何不正当的经济往来；

(2) 不准利用职权向施工单位吃、拿、卡、要；

(3) 不准刁难施工单位或与施工单位串通一气，降低质量标准，把不合格的材料当作合格、把不合格的工序视为合格签字，坑害业主利益；

(4) 不准与施工单位或用公款到高消费娱乐场所活动；

(5) 不准向施工单位推销与所监理的工程项目有关的材料、器具、物品等；

(6) 不准玩忽职守包庇隐瞒质量、安全事故；

(7) 不准向所监理的施工单位介绍施工分包或兼职或安插其他人员；

(8) 不准在工作期间酗酒或借酒闹事；

(9) 不准参与各种形式的赌博和其他违法违规行为；

(10) 不准在监理工作中弄虚作假，擅自脱离岗位或敷衍了事。

实践证明：要当一个好总监，道德修养方面必须作楷模。

作为总监，不但要树立自己的职业道德观，坚持自己的道德行为准则，还要识别往监理方推卸责任的不道德行为，并对这类相关单位人员的不道德的行为作必要的抵制，面对当今的市场经济，要培育高尚的道德修养难度很大，要做到洁身自好、独善其身；能做到拒腐蚀，永不沾。政策法规和行业特点要求我们必须这样做，我们千万不要因为蝇头小利而坏了自己的名声，不值得。笔者从事工程管理工作几十年，基本能做到，我们绝大多数总监都能做到。有时，对监理部企图贪小便宜的人我与他谈心，希望他摆正关系，我们代表的是监理公司和业主。对施工单位，只是短期的交道，不要走得太近，划不来，我们享受监理单位提供的待遇，就要对单位负责，对业主负责，对工程负责，对自己负责。

总监应当学习我们祖先的优秀品德：要有“贫贱不能移、威武不能屈、富贵不能淫”的崇高品德。要有：“不义之财不可取，不法之物不可拿，不净之地不可去”的高风亮节。

3. 为什么说诚信是总监的最基本职业道德？

答：因为“守法、诚信、公平、公正、独立、科学”，是我们监理行业的基本准则，这是监理规范明确了的。总监承担着多重责任：为了维护建设单位利益、监理单位利益、社会公众利益，还有监理机构利益、个人正当利益，还不得侵犯施工单位的合法权益，总监肩负的责任重大。如果不诚实，很容易在平衡各方利益之间出现偏差。轻则影响上述某些方面的合法权益，有失公允；重则侵犯相关方利益，造成侵权。

总监个人诚信的品德表现在多方面，其本人还有监理部其他人都应以诚信的原则做事、做人。有个别监理部人员，不顾本监理企业利益，不认真审核需要到公司盖章的各类工程资料，不认真把好第一道关，因为公司技术质量管理部门管理严格，他就动歪脑筋找别的部门不熟悉相关规定的管理人员签字，所谓绕道行驶，钻企业管理空子。这种不负责任的小聪明行为，很有可能侵犯到监理企业利益，把不该盖的章盖出去，万一出事，监理企业受到牵连，将损害监理企业的利益（名誉损失或经济利益）。这种对本公司都不负责任的人，可以想象，他能对他人负责？他能对建设单位负责？对所监理的工程负责？这是我们遇到的不诚实的典型案例之一，也是属于职业道德问题。当然这里还有一个如何加强企业管理的问题。

一个不讲诚信的人是不会得到别人尊重的，无论对业主、承包商，还是对监理机构内部、监理企业内部，以及对所有可能与之打交道的人，都不会有好的结果。失去人的信任是最可悲的。应当知道：诚信是取得信任的基础，被信任是一种快乐。

4. 总监应当具备什么样的综合素质？

答：(1) 根据监理制度的要求，总监理工程师应当具备以下综合素质：

1) 较深的专业理论知识，精通一门及以上的主要专业技术知识；

2) 丰富的工程技术管理经验；

3) 良好的职业道德修养，精湛的领导艺术才能、巧妙的工作方法技巧；

4) 较强的语言表达能力、文字处理能力和组织协调能力；

5) 健康的体质。

总监应当是复合型人才：一是，代表监理企业在施工现场全面负责监理机构的工作，属于行政管理及监理合同职责。二是，应当由注册监理工程师担任，说明他首先是一名工程技术人员，而且应当是一个称职的工程技术人员，因此，总监应当是既懂技术、又会管理的一专多能的复合型人才。

总监的综合素质概括起来应当是：懂技术，会管理，人品好。应当正确处理好技术与管理的关系。无数工程实例证明：大多建设工程质量、安全事故，技术方案很好，就是因为管理不到位造成的。甚至某一个管理环节上的疏忽就造成了无可挽回的重大损失。同样，不懂技术，瞎指挥，或者人品不好，搞腐败，也一样会对工程建设产生重大影响和损失。

(2)《孙子兵法》中，“将者，智、信、仁、勇、严也”智，智谋才能；信，赏罚有信；仁，爱抚士卒；勇，勇敢果断；严，军纪严明。施工阶段的工程管理，犹如在前方打仗。在施工现场，总监犹如指挥千军万马作战的将军，作为优秀将帅必须具备以上五德。

(3) 总监具备的道德与修养还应当有：

守法诚信、公平公正；科学严谨、创新规范；爱岗敬业、廉洁奉公、正直无私、忠于职守；严于律己、宽以待人；原则性强，作风正派。

总监必须具备上述素质，凡是愿意从事监理工作的监理人员都应当将此作为自己终身奋斗目标（除非你不想干这一行，转干其他行业也同样要有相应的道德规范）。总监如果没有较高的道德修养，就不胜任代表业主在现场对施工过程进行监督管理的工作。

5. 总监如何不断提高自身综合素质？

答：(1) 在技术上起主导作用，在工作作风上起示范作用，在职业道德上起模范作用，才能胜任总监工作。

(2) 模范遵守监理工作准则：“公平、独立、诚信、科学”。

(3) 继续学习，不断充电。要做好“三控制”和“一监管”，必须掌握和了解包括法律、法规、技术规范、规程、标准以及四新技术动态和最新成果，广泛学习、不断更新与工程管理相关的各类知识。需要指出的是，要讲究学习方法，别人的经验应当学习、借鉴，但属于标准、规范之类的技术问题，一定要认真学习、深刻理解原著。学习的渠道是多方面的，从书本上学，从实践中学，从同行中学，只有这样，才能真正成为复合型人才，才能有效驾驭工程项目监理工作。

学习的态度要端正，才能有好的效果。要有识别和判断是非的能力，不能生搬硬套，不要人云亦云。有些明显是违法违规的事，我们个别总监也敢去干，说是某某叫他干的

（往往是个别业主或主管部门的工作人员）。一个人应当有自己的行为准则。不能盲从，否则犯了错误还不知道是怎么回事。

学习，不但要学习正面的经验，还要吸取反面的教训。包括工程领域质量、安全事故的原因分析和教训，还有工程管理中个别人员的腐败行为受到的惩处，我们都要引以为戒。还要指出的是，学习是一个艰苦的过程，也是战胜困难的过程。需要持之以恒才能不断进步。

（4）良好的职业道德包括责任心、业务素质、修养等方方面面，都得用心去提高。

（5）要不断提升发现问题、分析问题、解决问题的能力。要有正确、完善、系统的职业思维能力，才能够创造性地开展监理工作。从某种意义上说，有些从设计单位、施工单位转到监理单位的一些高素质的人才，其在专业技术上无可挑剔，但在现场监理工作的效果却不尽人意。而有些长期从事建设单位项目技术负责人、当甲方代表的人，转到监理岗位，很快就能进入角色，监理工作成效也大不一样。原因就在于经历不同决定了思维方式的不同，看问题的方式和角度也不同，处理问题的效果自然也大不一样。

（6）客观地发现问题，独立地思考问题，公正地处理问题，是监理的职业特征，也是监理道德修养的重要组成部分。

（7）总监的综合素质的提高，除自身不懈努力学习外，监理企业应当学习先进单位的经验，对即将走向总监岗位或当总监不久的人员进行差别化培训，即“特殊人才特殊培训，关键人才重点培训，急需人才优先培训”，有目的地重点培养。对责任心不强、缺乏沟通技巧、思维方式有问题的，影响团队凝聚力的，应分别作重点辅导、帮助。

6. 总监的思维方式应有哪些内容？

答：总监应当有高超的独立思维方式。主要表现在以下几个方面：

（1）思维特性

1）合法性；2）公正性；3）独立性；4）周密性；5）专业性。

（2）思维类型

1）服务型；2）进取型；3）规划型；4）风险型；5）程序型；6）平衡型。

7.“三老四严”、“四个一样”的具体内容是什么？为什么在新形势下还要提倡这种精神？

答：“三老四严”的主要内容是：对待监理事业要“当老实人，说老实话，办老实事”；对待监理工作，“要有严格的要求，严密的组织，严肃的态度，严明的纪律”。这一提法源自20世纪60年代初形成的工作作风，是大庆石油工人高度主人翁责任感和科学求实精神的具体体现，是大庆油田企业文化融会中华民族优秀文化传统最基本、最典型、最生动的概括和总结。

“四个一样”的主要内容是：监理人员在现场应做到：“黑天和白天一个样；坏天气和好天气一个样；领导不在场和领导在场一个样；没有人检查和有人检查一个样”。总监带领监理机构常年在外（有时甚至在边境省区）独立工作，受到监理单位的管束相对较少，有个别的总监不但管理业务知识增长不多，甚至由于这四个一样的后两样，对他而言，正好是放松自己的机会，产生行为上的不检点。监理人员在关键部位、关键工序旁站监理过程中，比如浇筑混凝土必须通宵连续浇筑，桩基连夜施工，监理人员旁站值班时，有的人就认为反正是黑夜，也没有领导在场，他就可以溜之大吉，或者找个地方睡觉。【案例：

1998年，某江堤加固打桩工程，就有一名监理人员，值夜班时睡大觉，在没有人监督的情况下，后半夜承包人将黄泥当作混凝土灌入桩孔中，被当时的国务院总理斥之为“豆腐渣工程”，曾经轰动全国。】

我认为，“三老”就是要老老实实地按法律法规办事，按科学态度办事，按客观规律办事，按建设工程规范、标准监理。“四严”则贯穿监理工作的始终。在目前市场经济的形势下应当提倡这种精神。人如果没有一定的精神支柱做支撑，就会迷失方向，就会失去前进的动力和对自己的约束力。

8. 总监的综合素质和道德修养还应包括哪些方面？

答：(1) 总监首先应当忠于职守，廉洁自律，坚持原则，克己奉公。秉公办事，一丝不苟，勇于负责，严格监理，热情服务，严谨科学、文韬武略、公正公平、规范管理，开拓创新。真正做到制度化、科学化、规范化、程序化管理。

秉公办事，可以说，不能秉公办事，就难以正常开展工作。

热情服务问题，包括对业主和承包商的服务，对业主要履行监理委托合同的优质服务，对承包商，应当是在监管前提下的热情服务，也称“监”、“帮”结合。

严谨科学，对质量、进度、费用的控制和安全生产的监管，是一项专业技术很强的管理工作，因此，必须具有严谨科学的工作作风，才能胜任总监工作。

文韬武略，必须具备全能的、全方位的工程项目管理水平，才能胜任总监工作。既能文，又能武。“文”就是对技术理论、专业知识、设计意图、规范标准的掌握与熟悉程度，“武”就是协调、处理、解决问题的办法、能力与效果。只有将二者紧密结合，融会贯通，才是一个高水平的总监理工程师。

公平公正，要使工程实施阶段始终纳入正常管理，使参建各方在互相利益冲突中通过博弈取得共赢，总监在处理错综复杂的矛盾、冲突、纠纷中，没有公平公正的立场，是不可能协调好每一件事的。

素质、素养，都属于道德修养范畴，但其中的许多含义属心理学范围，有的属于天性，有的则可以在平时的实践中得到锻炼和提高。

总监应当守法诚信、遵章守纪，不断加强自身修养。修养包括理论、知识、艺术、思想等多方面的水平。

总监应当具备政治家的品质，军事家的素质，科学家的严谨，文学家的修养，企业家的胆识，思想家的风范，才是一名称职的总监理工程师。

(2) 应当客观公正、严格自律、随机应变，应当积极而又谨慎地开展工作。

(3) 领导艺术的四个方面：“果断决策、善于用人、综合归纳、组织协调”。

(4) 应懂得真正意义上管理。什么叫管理，管理就是与人打交道，尤其要学会与不同的人打交道。这也与人的道德修养有关。与人相处，应当以诚相待，不应钩心斗角，自欺欺人。不要学会虚伪的那一套，有时会一时取得人们的好感，但时间一长，就露馅了。搞工程管理是科学的综合体系，不是做生意买卖，也不是搞政治斗争，实事求是、诚实守信是监理人必须具备的品德。

9. 总监还应当具备什么样的职业道德？

答：总监应当事业心很强，责任感很强。其实，无数工程管理实践证明，绝大部分工程质量、安全的技术管理问题，只要施工单位，设计单位、监理单位、建设单位，只要精心组织，认真管理，绝大多数质量、安全事故，都是可以避免的。

任何时候和任何情况下都要以大局为重，以事业为重，以企业利益、社会公共利益、国家利益、业主正当利益为重，同时也要维护施工单位的合法权益，对所有参与博弈的单位和个人，都应当一视同仁，人格上是平等的，不要斤斤计较个人得失，要学会换位思考，但不能拿原则作交易。

总监是监理企业派驻工程项目的代表，又代表业主实施对施工过程的监督管理，带领项目监理部开展工作。总监的综合素质应当比较高，道德修养与工作方法都应当很出色。简单说起来，就是既要学会做事，又要学会做人。这句话说到容易做到难。我们许多总监，当遇到工地上质量、安全监管遇到阻力，又得不到业主的有效支持时很着急，有时甚至夜不能寐，问题一天不解决，一天心落不下来，这也是责任感很强的表现。

10. 总监的道德修养应注重哪些？总监为什么必须具有高智商还要有高情商？

答：当今社会是竞争的社会，监理工作也属于市场行为，在市场经济大潮中，人际关系的博弈，只靠过硬的专业技术本领远远不够。苹果公司原总裁乔布斯，第一次离开苹果公司不是因为他技术业务能力不行，而是当时他情商不够，没有处理好复杂的人际关系。第二次他重返苹果公司，克服了这一缺点，不但使自已的事业发展很顺利，而且把公司带到世界同行的最前列。

有的总监，事情没有少做，苦头没有少吃，语言表达能力也不差，做事能力也较强，就是在与人为伴、与人为善、与人相处方面，在待人接物上，存在一定缺陷，有的甚至是人格上的缺陷，虽然在施工现场做了大量工作，结果却总是吃力不讨好，甚至内外交困，说明他在情商方面还需要努力学习。一个人，不可能谁都说你好，世界上没有一个人，所有人都说他好的。但起码在一定范围内，绝大多数人说你好，或者不说或少说到你的坏话，你也没有把柄被人抓住，又能与人友好相处，是会有好的口碑的。如何取得高情商，有天赋因素，有后天学习因素，这方面内容很多。希望大家重视，不断总结。如果情商问题搞不好，即使工作再努力，也是吃力不讨好。从某种意义上说，市场经济，就是人情经济（20 世纪 90 年代初，某著名大学教授语）。搞工程管理，就是与人打交道。与各方之间进行组织协调，就是与各方代表及其工作人员打交道。

既要学会做事，又要学会做人。在许多情况下，做人比做事还难，但学会做人比做事更重要，就是当今社会流行的说法，智商与情商的问题。此外，总监还得有正确的荣辱观，要做到：胜不骄，败不馁。

总监应当有坚定正确的道德观念，灵活机动的战略战术，踏实勤奋的工作作风。

总监应当具备较强的事业心和责任感，应当具有特别能吃苦、特别能战斗、特别能忍耐的牺牲精神。要在平凡的岗位上以德感人，以理服人。要记住，是金子，到哪里都能发光。但必须是智商、情商都高的人，才是真金。

11. 在强调廉洁自律的同时，要注意些什么问题？

答：切不可死搬教条，做出不合情理的举动。总监要了解《孙子兵法》中的告诫："将有五危：必死，可杀也；必生，可虏也；忿速，可侮也；廉洁，可辱也；爱民，可烦也"。注：必死，可杀也，是指过分地固执己见，坚持死拼，则有可能被杀的危险；必生，可虏也，言将帅若一味贪生，则不免成为俘虏；忿速，可侮也，忿，愤怒、愤懑，速，快捷、快速，这里指急躁、偏激。就有可能贻误大事，即有时往往是"小不忍，则乱大谋”。廉洁，可辱也，将帅如果过分洁身清廉，自矜名节就有受辱的危险；爱民，可烦也，是指将帅如果过分溺于爱民，不审时度势，则有为敌所乘，有被动烦劳的危险。这些道理，虽然看起来是2500多年前的兵法所说，似乎有些深奥，但十分浅显易懂。比如过分廉洁问题，因为工作原因，在业主或施工方与其他相关单位研究工作后，在一起用餐，你说，为了廉政，我不去，则显得不近情理；记得监理制度推行初期，有过这样的通常说法：“监理人员不得参加没有业主参加的施工承包方或材料供应商等单位的吃请”。我认为，现在仍然适用。

也有这样的业主代表，“只许州官放火，不许百姓点灯”。他可以整天与承包人厮混在一起，但一旦发现监理背着他与承包人单独接触，就会妒忌，怀恨在心，甚至伺机报复。这样的业主是担心监理与承包商勾紧了，会削弱或架空了他的权威，所以总监只有洁身自好以避嫌，才能立于不败之地。

12. 总监应具备哪些素质才能在道德修养方面适应工作需要？

答：（1）应具有良好的道德品质，爱岗敬业，爱国爱民，爱事业，爱集体（企业荣誉），爱家庭。

（2）应具有廉洁奉公、为人正直、办事公道，情操高尚。

（3）应能团结与自己有不同意见但并不妨碍工作的人一道工作，包括曾经反对过自己，实践证明是犯了错误的人一道工作，即是具有包容性。

（4）必须精力充沛，性格开朗，善于与公众人员交往，性格不要过于内向。监理的最基本职能就是管理，管理就是与人打交道。性格过分内向的人是不适宜当总监的。

（5）要有主见，在全面掌握知识面的情况下，不迷信，不盲从，不随波逐流，不优柔寡断，不偏见固执；既要三思而行，又要当机立断，切莫错失良机，造成遗憾。

（6）要学会从各方利益冲突中找到平衡点。

（7）对施工方要刚柔并济，软硬兼施，恩威并重；要赏罚分明，“监”、“帮”结合。

（8）应学会尊重他人，不尊重他人就是不尊重自己。要学会换位思考，但不是迁就错误的东西。

（9）不断学习积累，不断总结提高，不断创新。

（10）在监理工作中，要注意不可过分的“张扬”与“低调”。只有按科学态度办事的人才能把握好分寸。良好的心理素质是面对错综复杂的矛盾和千头万绪的监理工作所必需的要素。国外有人指出，“对失败的恐惧是成功的动力”。我自己的切身体会是：“怕负责任是真负责任的动力”。只有不负责任才是最可怕的。

（11）总监是代表监理企业在外带领一个团队独立工作的领导，要学会识人、用人。有的人是既可以利用又能重用，有的人只能利用不可重用，也有极少数人，是既不能利用，更不可重用，则应当属于被淘汰之列。

13. 为什么总监应当学习一些《业主心理学》知识？《业主心理学》主要有哪些内容？

答：监理组织协调的关键是与业主打交道，只要有业主的大力支持，监理工作就省心多了；反之，则监理工作就被动得多。可以说，搞好与业主的协调关系，可以对监理工作起到事半功倍的效果。掌握了《业主心理学》，也就打开处理好与业主关系的大门。《业主心理学》内容主要有以下几个方面，现在简单向大家介绍一下。

（1）首先要了解业主的不同类型，大致有以下几种：

1）按社会总量划分

理想型、较理想型、一般型、难以沟通型、无法沟通型。

2）按投资性质划分

房地产开发企业、政府部门、部队系统、企事业单位。

3）业主内部人员分类

比较理想型、不同素质型。

掌握业主心理是沟通的前提。在与施工单位的关系处理上、在涉及承发包双方经济利益的签证上，都要体现出秉公办事，尊重业主，维护业主利益。尽量取得业主的信任与好感。要了解不同业主的不同兴趣、爱好与需求，是搞好与业主关系的基本要素。

（2）为业主服务，与业主心理学相关的八大意识：

主动意识、全面意识、超前意识、重点意识、服务意识、沟通意识、适应意识、和谐意识。

（3）应当研究如何克服业主对监理不放心心理（是否能胜任监理任务；是否能与业主保持一致；是否会与施工单位串通一气，损害业主利益；是否会干扰业主的相关工作等）。

（4）如何提高对不同业主的适应能力，各业主由于从事工程管理的经历不同，对质量技术的了解程度不同，管理水平与经验不同，在处理同一个工程控制目标上，与监理的看法会有一定的差异；不同的投资主体，对工程项目的管理方式也不一样，如房地产开发企业，政府投资项目，企事业单位的工程等，总监应了解他们不同的心理状态、不同的需求、不同的工作方法，采取有不同的对应措施。在工作实践中不断提高总监的适应力。

（5）正确把握业主心理的同时，总监应当努力提高监理人员自身的心理素质。

总监的心理素质要高，要做到专心致志，宠辱不惊。以前常有一种以批评的眼光看待以下两种工作态度；“做一天和尚撞一天钟”，“不求有功，但求无过”。现在看来，不能完全否定这两种心态。

14. 博弈论有哪几种？如何在监理工作实践中加以运用？

答：在监理工作中，应当学习一些《博弈论》的知识，非常有益于搞好与各方面的协调。《博弈论》是当今世界许多领域都在运用的先进理论，我们要当好总监，不妨尝试在实践中加以运用。

博弈论种类较多，有威胁博弈、信任博弈、理性与非理性博弈、同步博弈、协调博弈、懦夫博弈等。

在博弈论实践中，有时应设法释放有效信号，也是向对方提供良好的信息：如外表形象、言谈举止，监理办公室的环境布置等，对业主、施工方都可以取得一种好感和信任感，信息工作十分重要。在商场博弈中要采取一切手段，利用一切机会。

当今世界，博弈论广泛应用于各个领域，从政治、军事到商界、经济领域，到市场经济的各个方面，都广泛存在社会群体各方的博弈。如当前围绕叙利亚化学武器，是否要军事打击问题上，美国和俄罗斯之间的博弈就十分激烈。在监理工作中，如何使存在不同利益的各方走到一个共同的目标上，就需要博弈论的理论指导工作实践。

在监理工作实践中，我们利用心理学原理，做好与业主的沟通；我们对施工单位既要严格要求，又要“监”、“帮”结合，使现场建设工程的主要参建方为了达到共同的目标在博弈中取得共赢。

15. 如何做好与业主、承包方的博弈（博弈论，是人生必修的一门课）？

答：在监理工作中，与监理打交道最多的就是业主和承包方，与其无论是双边、还是多边的联系与沟通，博弈论在工程管理工作实践中都能得到运用。通过工程项目参建单位的博弈与努力，取得共赢，推动项目各项目标的实现。

监理工作从开始到结束，一定会遇到各种各样的困难，甚至阻力，搞工程管理，就跟指挥打仗一样，要把各种复杂问题的处理当作假想敌。一定要在战略上藐视它，在战术上重视它。应正确、妥善地处理好三者的博弈，真正意义上的履行监理职责是取得“三赢”，这在每次工程竣工的庆功会上就能看得出来。

在监理工作中，总结出与两个重要参与方的关系博弈原则是：

与业主方相处——不卑不亢。

与施工方相处——不远不近。

在施工监理工作中，总监应有高超的战略战术，才能胜任监理工作，在复杂多变的环境中游刃有余。

在战略上藐视困难，要能团结内外一切可以团结的力量，化消极因素为积极因素。

在战术上重视困难。比如，当业主或施工方对暂停施工有异议时，要认真做工作，尽可能的取得理解和支持，必要时可以采取先斩后奏的办法。比如在签发“暂停令”的理由上，尽可能多列一些需要停工整改的理由，凡是违背强制性标准的，下的结论应当理由充分，铁板钉钉，不得有任何松劲和让步，使拟定好的步骤任何时候都能站住脚，一旦施工单位翻案生效，或拒之不理而无果，监理则被动极了，甚至到总监要走人的地步。

对业主的错误指责或无理要求不应当无条件服从，而应当予以抵制，但要讲究方法。在与业主打交道的过程中，还要善于察言观色，了解对方的真实心理，掌握其喜怒哀乐的情绪变化，所谓“知己知彼，百战不殆”。对施工单位也是一样。在与各方打交道的（博弈）过程中，实际上也属于情商与智商的关系，有时要获得成功的机会情商比智商更重要。

在与业主、承包人之间的工作博弈中，要学会斗智、斗勇，斗谋。光有勇气，仅凭一时痛快发一通火，没有智慧和谋略，只是匹夫之勇。《三国演义》中的各方关系，错综复杂，虽然那是互相争霸的争斗，与我们现在工程管理的三方都是围绕共同的目标不一样，我们现在的三方目标应当是一致的，为什么还有那么多的矛盾要协调，主要因为各自所处的位置不同，工作职责不同，又有各方利益所驱动，各方人士的理解能力、管理水平、工作经验、工作方法有差异，所以会产生各种需要以法律、法规、规范、程序、道德、制度才能约束统一的问题。

总监应当厘清监理、业主、承包商三者之间的关系，业主与承包商是施工合同关系，业主与监理是委托与被委托的关系，监理与承包商是监理与被监理的关系，明白了相关关系，才能更好地开展工作。

在与施工单位打交道过程中，一定要坚持原则，不得越过监理需要承担责任的底线。对违法、违规行为的处理，应当坚决果敢。要懂得，“在博弈论的世界里，没有仁慈和怜悯，只有一己私利。大多数人只关心自己，而这也是人之常情”。“博弈论跟尔虞我诈的超竞争环境并无二致，而这往往也是资本市场的特征”。“……即使每个人都抱着毫不留情与你争我夺的心态行事，博弈论的逻辑还是会经常迫使自私的人携手合作，甚至互相持之以忠诚与尊严”。否则大家都没有好处。在与承包方的博弈中，在公平公正的原则下，监理要始终掌握主动权。大量工程质量安全事故案例告诉我们，往往处事不果断，心犹豫，手发软，当断不断，结果酿成无法挽回的重大事故。要知道：“人类最有趣的行为大概就是竞争了，需要研究对抗之道的博弈论，即是在说明理性与自私的人如何才能压倒对方以取得胜利”。我们对承包方的关系相处也可借鉴以此理论。

16. 如何正确理解人性化管理与严格制度的关系？

答：博弈论告诉我们，过分的亲和力会让对方完全不把你放在眼里。过分强调人性化管理，无论对国家、对企业都没有好处。不以法律和制度和各种行为准则约束，无论一个企业，一个团体，乃至一个国家，甚至整个世界都是搞不好的。在工程管理中，常常是迁就一方利益，就忽略甚至损害了另一方利益；照顾了某些施工单位的不正当小利益，就损害了大量群体和国家利益。人性化不能代替制度化管理。

责任明确也是一种工作方法。有时，无论参建工程的哪一方，责任不明确也会导致工作失败。【案例：活学活用博弈论的作者小时候，兄妹两个人接重要电话一事，因为其母亲外出前没有明确让谁接电话，结果电话来了互相依赖谁都未接误了事。总监在布置任务时，也要明确责任。】

懦夫博弈是指有利益关系的双方，有一方采取让步，有时会避免双方的风险。【案例：如两辆车在单行车道上相向行驶时，一辆车直行，另一辆必须后退或转弯，否则就会产生对双方都不利的后果。】必要时，相互做些让步，是懦夫博弈有利双方的案例。

无论与业主还是与施工方的博弈，以上的妥协做法都可以用上。在博弈中，应设法释放有效的信号，比如当双方处于僵持阶段时，还要注重个人的外表形象、言行举止、监理办公室环境、墙上布置等，给对方留下好印象，容易产生一种信任感，所以在博弈中信息工作很重要。

过去有个提法：“一切革命队伍的人都要互相关心，互相爱护，互相帮助。”监理部内部也应当形成这样一种团结进步的风气。

个人修养方面：总监要有批评和自我批评的精神，要能为工程项目的利益坚持好的，为工程项目的利益改正错的。要有毫无自私自利之心的精神。一个人能力有大小，但只要有这点精神，就是一个高尚的人，一个纯粹的人，一个有道德的人，一个脱离了低级趣味的人，一个有益于人民的人。

人的行为要有一定的约束力。许多情况下光靠人性化是解决不了问题的。俗话说：没有规矩就不成方圆。一个国家需要有法律法规；一个团体，要有章程；一个队伍，要有纪律；一个企业，要有严格的规章制度。怕人才流失，怕严格的管理得罪人，反而助长了歪风邪气，不利于监理队伍的成长提高。现场监理机构，纪律松弛，战斗力涣散，监理工作成果也就大打折扣。过分人性化，带领不出过硬的队伍。

17. 总监如何在进场后设法尽快缩短与有关各方的磨合期？

答：这方面有许多文章可做：

（1）必须尽快进入角色，进场后，先熟悉现场环境，熟悉设计意图，熟悉建设单位的总体目标，了解施工单位情况，现场建设、施工单位的开工准备工作情况。仅靠以上信息还不够，应进一步了解建设单位、施工单位的管理班子的组成情况，以及他们各自的管理经历、水平、能力，只有这样互相了解、知己知彼，方可百战不殆，才会使互相配合、互相默契、互相适应的时间大大缩短。

（2）俗话说，万事开头难。一个工程项目刚开工时，头绪比较多，有的矛盾还很突出。无论对业主，还是承包商，我们要帮助他们出谋划策：抓好重点环节，就是施工进度计划中的关键线路。遇到相互意见不一致时，多听各方意见，然后归纳、总结、迅速找出解决问题的正确办法。

18. 为什么总监的全面素质（包括工作方法和道德修养、组织协调能力、专业技术素质、工作经验等诸多方面）都应超过建设、施工单位？

答：总监的综合素质包括专业理论知识、管理水平、协调能力、技术素质［施工、设计规范、标准、造价（包括概预决算的编制、审核）的掌握能力］、法律法规知识、工程管理实践经验、基建程序的精通，指挥大兵团作战、驾驭全面管理的能力等方面都要比业主强，才能取得业主、施工等各方面的信任与敬佩，有利于控制住整个施工现场。我们不但要代表业主监理好施工过程，而且应能当好业主和施工单位的顾问、参谋。如果不在许多方面达到或超过他们，业主还要花钱请我们干什么？要使业主感到请我们是值得的。有个项目，承包商不理想，管理水平不高，业主领导多次感慨地说，“我们找的施工单位不行，幸亏找了个好监理”。

对于施工单位而言，我们既帮业主把关，也等于帮他把关，施工单位很佩服，甚至也很感谢，监理的威信会大大提高，无疑会有利于监理工作的开展。诚然，有的总监，不能马上达到此种境界，但通过不断实践，不断总结，不断努力，迟早会达到的。

19. 总监的举止言行，对树立监理形象、顺利开展监理工作有哪些好处？

答：（1）能够提升监理威信，提高顾客满意度和信任感。

（2）施工单位不敢怠慢，能够尊重监理意见，认真执行监理指令，不敢马虎。

（3）内部监理人员心悦诚服，与总监保持一致，战斗力大大增强。

（4）监理工作顺利开展，圆满完成任务。监理企业领导层放心、省心。

（5）能得到有关部门好评，监理企业有了良好形象和信誉。

（6）强烈的荣誉感和进取心是不断提高工作效率的动力。马马虎虎，得过且过的人，工作是不会有什么大的长进的。

总监起模范带头作用，榜样的力量是无穷的，有时会起到无声命令的作用。

20. 总监为什么要有甘为人梯的精神？

答：总监，在某些方面甚至全面的素质都比监理机构人员高出一筹，而一个项目，尤其是大中型项目，有的甚至有若干个子单位工程、若干个施工单位，光靠总监一个人再能干，也是无济于事的。这就要求总监尽快培养和锻炼人才，总监应具备“对自己学而不厌，对别人诲人不倦”的精神。

总监在帮助别人时，自己首先要不断学习，“三人行，则必有我师”。学习的方法应当是：“活学活用，不能生搬硬套”；“循序渐进，不能急功近利”；“敢于创新，不能因循守旧”。

总监在日常工作中，要处处表现出自己是大家的楷模，又是大家的良师益友。切不可挥舞总监负责制的权力大棒，盛气凌人，不可一世。要有良好的心态，摆正自己的位置。总监既有行政职权，又是一个称职的工程师。总监不是官（国家没有这个官阶），只是一名监理机构的组长。但对内代表监理单位，对外代表业主，责任却十分重大。有了这种正确的认识，正确的心理素质，正确的价值观，才能当好总监，才能搞好监理工作。

21. 总监应当具备哪些领导艺术？

答：(1) 内部

巧分工，扬长避短；细布置，责任到人；严制度，严格考勤；肯帮助，勤总结；与人为善，助人为乐，搞好内部沟通与。开好监理机构内部例会。要求监理人员应当腿勤、嘴勤、手勤、脑勤；无论质量控制还是安全监管，应当是总监负责下的全员负责制。质量安全，人人有责。监理工作成效的最基本表现是：能否发现问题，解决问题。总监应鼓励监理人员爱岗敬业，监理人员都应当将此作为自己终生奋斗的目标（除非你不想干这一行，否则就不要在监理行业混日子）。总监有义务帮助年轻人做好职业规划。

(2) 外部

善于监管好不同的承包商。

善于与不同的业主打交道。

监理工作应科学化、程序化、制度化、信息化、规范化。

总监应在提高决策艺术、用人艺术、沟通艺术上下功夫。

22. 与业主搞好关系，是否需要多请示、多汇报？

答：大可不必。凡是在监理职责范围内的事，应主动、积极、独立、大胆地去做。否则将会适得其反，样样都请示、汇报，人家会嫌烦，认为该你管的事还要问我，要你监理干什么？反而让人家看不起。这样做，对树立总监的威信很不利。

但也不能一概而论，有的业主可能喜欢别人经常向他汇报，总监就要在有利于监理工作的情况下投其所好。这就属于业主心理学范畴。所以总监只有掌握了全面知识，遇到各种情况都能应对自如，灵活掌握。

23. 总监要提高自己的管理水平，提高领导艺术和修养可以从《孙子兵法》中学到什么？

答：应学习孙子兵法中“知己知彼，百战不殆”，学会“知、谋、变”的原则。凡是要谋算，“凡事预则立，不预则废”。这对我们监理来说就是预控。施工现场的情况千变万化，涉及的面很广，对一些不利的因素，包括可能发生的风险，总监应凭自己的经验未雨绸缪，策划好需要应对的措施，做到运筹帷幄，有备无患，就能在事情发生前或发生后从容不迫地处理问题。总监应有“知诸侯之谋”’的政治家头脑，有“进不求功，退不避罪，唯民是保”的无私心理。

24. 对业主怎么才能做到既全心全意为其服务，又不能唯命是从？

答：在监理事业起步初期，有时会听到这样一句话，业主是上帝，他叫你干啥就干啥。随着监理事业的发展壮大，随着监理制度的日趋完善，现在监理科学化、规范化发展已到新的起点，很少再有人这样说了。但我们是受业主委托，虽说是独立自主地开展工作，还是要有努力服务之意识，必须明白他们是雇主，你不得不承认这个法律意义上的现实。只要你付出了巨大的心血，在本工程项目上作出了无法否认的、有目共睹的巨大贡献，就没有必要唯命是从，对于业主的某些违规要求就可以有选择地执行。就跟下棋一样，与业主在工作上的博弈，有时也要学会拒绝。这与博弈论中的“理性与非理性博弈”精神也是一致的。

对业主的重要指令和一般要求，只要是合理、合法、在合同范围内的工作我们都应当不折不扣地执行，有些虽然不是监理分内的事也应该力所能及的去做。对有些不合理要求，只要不违反原则，又不有损人格，也可以去做。我们有不少总监为了博得业主欢心，提高顾客满意度，已经这样做了。但对于违反原则、违反合同规定的事，则坚决不能做，当然拒绝时应讲究点儿方式方法。对业主的需求，不是有求必应，应当是不卑不亢，应当有分析、识别和承担责任的思维能力。

25. 总监及其带领的团队整体修养应达到何种水平？

答：饱满的工作热情、端正的工作态度、坚强的意志和决心、勤奋的作为、渊博的知识、精湛的技能、良好的工作和生活习惯（包括言谈举止，文明礼貌用语，合适的着装）、较强的适应能力、深邃的洞察力、较强的逻辑思维能力、分析处理问题的能力、快速反应能力、准确判断能力、果断决策能力。

26. 在执行力上总监应在哪些方面下功夫？

答：总监应当有以下能力：预见力、识别力、判断力、应变力、沟通力、执行力，还应有较强的法律意识，团队意识（不要什么事都事必躬亲，应当放手让大家去做），要有批评和自我批评的勇气，要有坚忍不拔的意志和坚强的毅力，要有敢做敢当的坚强决心，要有坚持原则、秉公办事的执着精神。总监应当具备扎实的基本功，才能提高执行力。这主要表现在是否有较深的专业基础知识、对设计图纸的了解程度、对技术标准、规范的掌握，法律法规的理解以及较强的语言表达能力和文字表达能力。

27. 总监为什么应加强文韬武略方面的修养？

答：总监应具备文武双全的本领。这里的文，根据监理工作特点，广义地讲，就是技术水平，应既包括科学技术、在工程上就是指专业技术知识，应精通各类建设规范、规程、标准、图集，又包括对文档信息资料的处理能力，语言表达能力，文字处理能力。凡是以监理部名义对外签发的联系单、通知单、规划、细则、会议纪要、月报等所有文字资料，都要经总监审核把关后才可发出。总监对发出的文件，都要亲自审查，因为这不但代表监理的水平，也反映了总监的能力。文字上不要让被接受者挑出毛病，这就要求总监本身必须具备深厚的文字功底，同时对各类知识的贯通，知识面要广。

这里的武略，就是应谋略有方，遇事果断处理。只要想做的，都能办成。

28. 总监为什么要带领监理人员在现场应能发现问题、解决问题？

答：监理部的工作职责，就是代表业主，在施工现场对施工行为进行监督管理，进行三控、安全生产管理的监督管理，通过两管、一协调解决问题。经常遇到这样的情况，有些明显的质量、安全问题，业主和主管部门一下子就找到并指出了，我们的监理人员还没有发现。不是说，现场所有问题监理都应知道并及时处理，但起码绝大多数问题都应在我们的掌控之中。

总监一定要带领监理人员在发现问题、解决问题上下功夫。能否发现问题，事关监理人员的专业技术水平、图纸熟悉、规范掌握程度，工作经验和责任心等诸多因素，如果上述理论、知识、思想都达到一定水平，是不难做到及时发现问题的。“及时”与责任心有关，如果责任心强的人，他会经常到工地巡查，比如刚浇筑混凝土的第二天，他经常到工地巡查有没有浇水养护，就能及时发现问题。又比如，施工单位不到规定的时间就拆梁板底模，如果监理人员至少每半天到现场巡视，就不难及时发现。

发现问题能否解决问题，对总监又是一个考验。这里，同样有个责任心问题，更重要的是否有方法和手段，达到解决问题的目的。换句话说，如果监理人员在现场不能及时发现问题，就不能及时处理问题。但如果只发现问题，不能通过各种方法与手段解决问题，监理就起不到应有的作用。

29. 关于用人之道还应注意哪些问题？

答：是否强调以人为本，就不要严格管理。关于用人之道，孙子兵法指出："视卒如爱子，故可与之俱死。厚而不能使，爱而不能令，乱而不能治，譬如娇子，不可用也"。这里指对部下，只知厚待而不能使用，只知溺爱而不重教育，只施仁政而不济以威严，只会使士卒成为骄子而不能使用。革命先祖曾经说过，"一个没有纪律的军队，是打不了胜仗的"。现在有的单位过分强调人性化管理，却忽视了制度化管理。对监理人员的不当甚至是错误行为，应及时批评制正，以免再犯。当然，如果是初次，又不带有普遍性，则以个别谈话为佳。【美国人 JanmesD. Miller 在他的活学活用博弈论一书中举了一个他当小学四年级老师的经历，对学生行为的过分迁就和友善，造成学生不守规矩的后果。】说明了一味追究人性化管理是不可取的。关于检查监理人员工作问题，不能有问题视而不管，应当及时处理与纠正。这与上面的人性化与制度化的论述是一致的。

与人打交道中应当了解人的五种需求：生理需求，安全需求，社交与被动接纳需求，尊重需求和自我实现需求。对下属要做到：高度信任、真诚尊重、主动关心、用其所长、不断帮助、不断激励。

对下属应一视同仁，切忌厚此薄彼，不搞小团体主义。要任人唯贤，不要任人唯亲。要抓大事，看主流。

总监应以身作则，处处起模范带头作用。榜样的力量是无声的命令。要心胸开开阔，不要斤斤计较；要吃苦在前，享受在后。帮助在前，批评在后；教育在前，处罚在后。

30. 总监如何防止监理工作不到位、越位、错位？

答：要做到上述3点，必须讲究工作方法，无论对内，还是对外，都要注意，无论施工单位，还是监理部内部，即使其施工组织设计、施工方案，或者监理规划、细则，或者其他施工、监理文件，非必要的、特殊情况，总监都不要代劳，可以具体指导他们，指出存在的问题，让他们知道怎么做；对业主的要求，也应在监理职责范围内开展工作。有些没有依据的错误行为，即使业主要你做，也要婉然拒绝，比如有的业主要求监理给施工单位开罚款单，要监理给施工单位、工程勘察单位现场人员打考勤等。去年有一次总监与工程勘察单位因为考勤问题发生纠纷，总监被工程勘察人员无理打伤（当然打人的工勘人员是违规又违法，素质极低），就是一个典型的监理错位案例。还有，施工单位方案确定并审查通过后，施工期间尽可能让其大胆去做。监理巡视检查时，只要没有发现违规，就无须多指责，少挑刺。有的监理人员分不清自己的工作职责，把监理实施细则写成了向施工人员交底的记录，甚至监理工程师在现场直接要求工人这样干，那样干，把监理当作施工单位的技术人员，这也是一种越位行为，不可取。

31. 在施工现场，同是为业主服务，我们与施工单位有什么区别？

答：在施工现场，我们与业主的关系，是委托与被委托的关系，而施工单位与业主则是合同关系，我们与施工单位则是监理与被监理的关系，虽然人格上是平等的，但有本质的区别。

业主委托我们，我们就要按照监理合同履行职责义务。代表业主利益，监督管理好施工过程按合同办事，按规范施工，否则就有权要求施工单位纠偏。我们常喊的口号是努力为业主服务。我们对业主的行为，有建议权，但无权提出要求和监督，更无权制止业主的违规行为，但我们对业主的服务必须是真诚的。我们对施工单位也要在严格要求下热情服务，比如，在工期紧的情况下，我们及时组织验收，尽快审批申报的材料。在经济利益上，在维护业主利益的同时，也要维护施工单位的合法利益。当施工单位经验不足或者技术不高时，我们有义务指导他们开展工作，提出具体的改进措施，及时指出工作中的不足，使他们避免或少走弯路。

32. 总监要取得监理工作的主动权，还应具备哪些道德修养？

答：(1) 要使业主感到，他们想到的监理做到了，他们没有想到的监理也做到了。

(2) 让业主方（包括上级领导）对我们的工作无刺可挑，要做到内行、外行都挑不到毛病。当然要做到这一点是不容易的。

33. 为什么说掌握过硬的本领，是监理在知识、艺术、思想上达到较高修养的重要手段？

答：总监要取得较高的道德修养，进入较高的境界，比如，在技术规范、标准、规程的掌握上，应当熟悉并掌握所有要点及强制性标准，就拿国家焊接的行业标准——《钢筋焊接及验收规程》，我们有许多总监可能都没有搞清楚应当抓什么。

(1) 操作者必须持有有效的焊工操作证，操作证上应注明操作范围，焊接方法必须与现场的实际操作相符，否则不得让其焊接。

(2) 在钢筋工程焊接开工之前，参与该项工程施焊的焊工必须进行现场条件下的焊接工艺试验，经试验合格后，方准于焊接生产。

(3) 焊条等焊接材料应有产品合格证。焊接的钢筋必须按规定进行见证取样送检，做力学性能和质量偏差检验。

现场项目监理部应配备施工中常用的技术规范、标准、规程、图集等，以便于大家查阅，总监、专业监理工程师尤其要熟练掌握。

现场常用的检测仪器、工具应具备，比如大中型工程主要施工阶段现场应当配备水准仪等必要的检测设备，才能有效地控制相关工程质量。

掌握过硬的本领，内容十分广泛，就不再列举。总监有了过硬的本领，就有发言的主动权、作出决策的话语权。

34. 遇到施工单位蛮干，对监理的指令置之不理，怎么办？发火动粗能不能解决问题？为什么在监理工作中总监应注意工作态度？

答：无论对业主、承包人、监理部内部，还是对监理公司管理部门，要学会为人处世，学会打交道，要注意自己形象。趾高气扬，耀武扬威，动不动就生气，就发火，指责别人的人，反映了他的思维方式有问题，缺少一定修养。过去农村没有文化的老百姓都会讲，“有理不在于力大”。简单粗暴的工作方法只是匹夫之勇，解决不了问题。一个有修养的人，一定是遇事冷静，与人为善的人。

无论对业主，还是对承包商，都要十分讲究工作方法，工作态度，讲话切不可态度生硬，甚至在公开场合带有侮辱性质的语言伤害对方。我们曾经遇到过现场监理员、专业监理工程师、总监对施工单位人员态度粗暴，恶语相加，甚至要动手。自古道：君子动口不动手。一旦关系弄得太僵，甚至撕破脸皮，矛盾激化，就没法继续工作了。其结果，不是他走人，就是你走人。遇到难以沟通的业主或承包方，不能以硬碰硬，应以柔克刚，刚柔并济。在博弈学上称为懦夫博弈，要采取迂回策略。

无论遇到什么情况，监理与对方发生矛盾时，都不能动粗。应当明白：骂人（如果涉及对方名誉和人格的，则可构成侮辱诽谤罪）、打人（轻则违反治安管理处罚条例，重则追究刑事责任），已经超过了道德范畴，突破了法律的底线。监理人员是高素质的、高智商的人才，是属于知识分子的范畴，切不可做出有失身份甚至违纪违法的事。

遇到这种情况，总监既不能置之不理，又不能发火。正确的解决办法应当是想办法沟通。应找项目经理、技术负责人谈话，动之以情，晓之以理，苦口婆心地劝说他们改弦易辙，回到正确的轨道上来。也可以约业主代表共同参与；如无效，则可约（可通过业主，也可直接召见）请其单位领导到场，开会或用个别谈话的方式；如果还无效，则要求换人，总之，不能使工程进展不下去。

35. 当遇到业主不当指挥怎么办？是拒绝，用什么方法拒绝？

答：当遇到业主代表不当指挥时，凡是与法律、法规或与合同相违的都不能做，应当进行耐心解释，讲清道理，采用婉转的方法进行抵制和周旋。或者部分执行非原则性的事项。

36. 总监如何取得业主的信任？

答：要取得业主信任，诚信与能力是信任的基础，应当把被信任看成是一种快乐：

（1）注重自身能力、素质、修养的全面提高。

（2）帮助业主出谋划策，排忧解难。

（3）第一次工地会议一定要亮好相。

（4）严格自律，克己奉公。

（5）不要干涉业主的内部事务，不要越权。

（6）尽快进入角色，恪尽职守，言必行，行必果，使业主心悦诚服。

（7）调整心态，换位思考。力求使各项工程目标在掌控之中。

（8）要把业主当上帝，当朋友，但却不是唯命是从，要能在业主的支持下独立自主地开展工作。

（9）在任何情况下，都不要当面对业主不尊重，背后也不要轻易说业主坏话。

（10）关心业主，就像关心自己监理部人员一样，比如业主代表个人遇到困难、生病等予以必要的关心、帮助。

我们有些同行，可能不一定马上全面具备各种高超的技能和修养，但通过持之以恒的不懈努力，一定能达到较高的目标和境界。

37. 如何正确认识和处理好管理与技术的关系？

答：总监理工程师的名称就包括管理与技术两大含义：一是对项目监理机构的日常工作总负责，是行政管理职务；二是应是项目监理机构的总工程师，技术负责人，应具备一定的专业技术知识和技能。

管理与技术，是工程建设中须臾不可分割的两大要素。我们监理业务的特点，就是受建设单位委托，在施工阶段对工程质量、造价、进度进行控制，对合同、信息进行管理，对工程建设相关方面的关系进行协调，并履行建设工程安全生产管理的监理职责。而工程质量、造价、进度和安全都是以技术规范、标准为先导，要达到三大控制目标和安全监管目的，必须通过合同、信息管理的方法和手段，以及组织协调来解决。在施工现场的监理人员，特别是总监，首先必须懂得与工程有关的专业技术理论和标准、规范，否则，难以面对业主的工程建设管理行家，面对施工单位、设计单位的技术管理专家。反之，如果只是会背专业知识，不知道如何通过管理的方法与措施去实施，包括基建程序、监理程序都不懂，就像在战场上，光会开枪，不知道如何去组织进攻，这样的人不能组织打仗，在施工现场，也不能去组织对施工过程的监督管理。

在建设工程管理中，通常有种说法：三分技术，七分管理。这并不是说技术不重要，或者没有管理重要，管理是在技术基础上的管理。从某种意义上说：技术质量目标是通过管理手段来实现的。设计图纸、施工方案都属于技术范畴，施工方案中也有质量、安全的管理措施。往往施工图纸没有问题，施工方案也没有问题，就是在执行中出了偏差，或者得不到落实，最终导致质量、安全事故的发生。这里就看出管理工作的重要程度。实际上许多质量、安全事故都是管理不到位，技术方案不落实造成的。可以说，所有质量安全目标。都是通过管理的手段来实现的。现在许多主管部门和监理企业，都重视和加强了对现场工程实体的质量、安全检查。比如高大模板支撑，虽然经过专家论证的专项施工方案很完善，浇筑混凝土前监理检查支撑体系未按照方案搭设，扫地杆、水平杆、剪刀撑都不符合要求，如果不按方案整改，导致支撑体系失稳，就会发生模板坍塌安全事故。这里明显看出技术与管理的关系。

一般而言，在施工现场第一线，懂技术的学管理比较容易。懂管理的学技术就不那么简单了，否则专业技术学历教育就不需要了。所以要正确认识管理与技术的关系，才能掌握监理工作的主动权。总监应是既精通技术、又精通管理的专家。

38. 总监在道德修养方面应具备哪些魅力？

答：总监必须有坚强的决心，坚忍不拔的意志和坚强的毅力；要有强烈的荣誉感和进取心，要有“吾日三省吾身”的自我总结、自我反省的精神，要有坚持原则不随波逐流的人格魅力。要有不同寻常的胆识和魄力，胆识来源于专业知识，魄力来源于无私无畏，来源于对事业的忠诚和执着。总监无论何时何地，都要以国家利益为重，以人民利益为重，以社会公共利益为重，就能做到无私、才能无畏。

总监应以身作则，通过言传身教，身体力行，以自己的模范行为影响人。榜样的力量是无穷的，是无声的命令。总监是现场监理机构的核心。从某种意义上说，一个项目监理内部是否团结一致，战斗力是否强，主要取决于总监的品德与能力。

39. 对于监理安全责任，总监应当明白，什么情况下监理要承担法律责任？

答：有以下情况可能要承担法律责任：

（1）没有履行法律法规规定的相应程序，如《建筑法》、《安全生产法》、《建设工程质量管理条例》、《建设工程安全生产管理条例》以及住房城乡建设部建质［2009］87号文，违背各类专业技术规范中的强制性标准施工，监理不作为的。

（2）总监非要否定施工单位合理的施工组织设计或专项施工方案，要求施工单位按自己的错误指令去施工，出了安全事故的。

（3）有关部门没有严格按照相应法律法规误判的。

40. 总监的全面修养应重点提高哪些综合素质？

答：主要有以下八个素质提高了，就能整体提升总监的道德修养。

技术、文化、艺术、心理、道德、身体、领导、思想。总监要提高综合素质、修养的方面很多，工作方法与道德修养密切相关。不但总监要带好头，而且要带领其他监理人员一定要尽心尽责，工作到位。事事有人管，工作不留盲点。说话、做事要有章可循，有据可依。对施工单位下达指令时，要有理、有利、有节，动之以情，晓之以理，不得偏激，不要扣大帽子。要力求学会以下区别，坚持原则与固执己见的区别，主控项目与一般项目的区别，在协调关系上，发包方与承包方的关系之区别，采取不同的方式方法处理各类矛盾。

总监在法律法规和金钱物质的诱惑之间，应经得起考验。只有坚守职业道德，才能勇于抵制不规范和违规行为，才能使自己真正成为工程质量、安全的卫士。

在用人问题上，虽然目前高素质的监理人才依然紧缺，但作为监理企业和总监，还是应当把好人员“入口关”，做到宁缺毋滥，应将不能胜任监理工作、不称职、甚至违章违纪的人拒之门外。遇到困难不要怨天尤人，总监应当提高独立处理问题的能力。

在社会发展不断高速进步的时代，总监还必须有与时俱进的思想理念和创新精神。有的人，缺少进取心，不求上进，或者得过且过，人云亦云。学习也只是照搬照抄，没有发展的眼光和创新思维。

41. 总监应当向业主尽量多争取哪些权利，才能更有利于监理工作？

答：根据相关规定及管理经验，主要有以下权力，应由总监掌握：

工程质量的确认与否决，开工报告的审批、分包单位资格确认，施工组织设计（专项施工方案）审查批准，建设措施的认定、工程变更、签证审核，材料、设备、构配件的验收，工序验收，隐蔽工程验收，分部、分项工程验收，单位工程预验收，组织协调的主导，工程进度款的审核、工程进度款支付批准，要求整改、返工、暂停施工，监理会议、有关专题会议的主持，施工合同、分包合同（协议）的掌控权等。没有以上应有的权利，监理工作是搞不好的。

42. 总监为什么要提倡一专多能、知识面要广？

答：随着科学技术的突飞猛进的发展，监理事业的发展壮大，工程管理水平的不断提高，本来建设工程就是一个系统而复杂事业，面对人类对生存、生活环境的不断提高的需求，客观上对总监的要求也越来越高。总监不能只懂一门专业技术，在施工现场，任何监理企业考虑成本和实际情况，也不可能配备齐全工程所有专业的人才，或者有时某专业人才尚不能及时到场，总监就有可能临时顶上去。

要提倡一专多能，是监理工作的需要，是客观形势的需要。一个工程项目，有的涉及十多个工种，监理企业一般不可能配备那么全的技术人才到场。总监就要多学习一些相关专业知识，比如土建专业的，可以学习一些给水排水知识，包括市政、装饰工程、园林绿化等知识，电气工程专业的，学习一些智能化方面的知识、给水排水方面的知识，或土建方面的知识，各学科交叉渗透，在工地现场往往相互关联，总监专业知识面广一些，对监理工作很有帮助。对于法律法规、信息、合同经济、心理学、孙子兵法的用兵之道，新的学科知识博弈论等，都是必不可少的有用知识，对出色完成监理工作将大有裨益。总监应是工程技术、经济、管理方面名副其实的专家。

懂得其他专业知识，对主持监理部工作，讨论相关专业技术问题，检查有关监理人员的工作都有好处，可以掌握主动权。

这里讲的知识面要广，不仅是指专业知识面，还包括社会学知识，人文知识，法律法规、经济管理知识等。凡是对工作，对个人成长有用的知识，都要学。有时工作忙，就采取急用先学、活学活用、现学现用的办法。

43. 提高自己的职业道德水准和修养，提高理论水平、知识水平、领导艺术、思想水平，有什么好的办法？

答：最好的办法是学习，持之以恒地学习，坚持不懈地学习。首先得有精益求精的强烈愿望，才能去寻求学习的方法和途径。过去常说，“虚心使人进步，骄傲使人落后”。往往见到这样的同行，只有一知半解，就夸夸其谈，不肯虚心学习，这样的情况进步一定很慢，总是浮在表面，深入不下去。

学习要讲究方法，即使是在同一个单位从事同一个工作，经历相同，但几年之后，所取得的成就却差别很大，其主要原因主要有两个，一是十分用心去学，而且学习方法要得当。学习主要有两个途径，一是从书本中学，从理论中学，从法律、法规、技术规范中学；一是在工作实践中学，学别人的经验和长处。要想尽可能地提高学习效率，不同的问题，有不同的方法与技巧。比如学习技术标准、规范，学习法律法规，要尽量看原著。掌握全面，印象最深，要学会自己去翻书。技术规范不只是理论和科学试验的成果，其中还有许多是实践经验的总结。有的总监，一遇到需要组织编写监理文件，喜欢拿来主义，总是希望找个现成的“样本”一抄了之，之后也懒得去看，这样可以少动脑筋，但肯定不会得到提高。实际上搞工程技术管理工作，一定要养成遇到问题学会找规范的习惯，别人介绍可能只是其中一部分。光顾抄别人的，就跟学生喜欢抄作业一样，成绩不会有什么提高。应通过自己查找资料，边思考，边动脑筋，边实际操作，才能加深印象，才会变成自己的知识。

44. 为什么有的总监面对不同的项目、不同的业主都能坚守阵地、履行好职责？

答：在多年的监理实践中，我们有时会遇到有的项目业主很难沟通，不断要求更换总监的情况。有一个大型房地产项目，是国内知名开发商投资管理。监理企业在换了几个总监后，最后一个总监顶上去，带领监理人员经过艰苦努力，很快扭转了被动局面，直到工程竣工结束，都受到业主好评。工程竣工时，业主向监理部颁发锦旗和奖杯，并且又给监理企业两个工程项目的业务。不仅仅是个工作方法问题，这与总监个人的综合素质有关，其中重要一条就是能忍辱负重，以自己的刻苦努力工作赢得业主的认可。这与个人的道德修养，包括在复杂情况、非通常情况下处理问题的应变能力和心理承受能力、强烈的责任心等都有关。

一个优秀的总监，一般情况下，应当是什么样的项目业主都能适应，都能得到好评。无论多么难管理的施工单位都能监理得住，除非你有充足的理由要求业主解除其承包合同。一个总监，有了明确的人生目标、愿望、理想、追求，就有克服一切困难向前进的决心、活力和动力、毅力与勇气。

还有个别开发商项目，工程现场“四无”：施工图纸没有经过审图机构审查；施工蓝图上没有设计、审核、批准人签字，没有盖出图章；任何工程款支付都不需要监理审核、批准，甚至工程承包合同都不给监理看，谈不上什么合同管理（业主称这是他们的商业机密）。我们的总监在这种情况下，依然要艰难地履行工程质量、工期控制、安全监管职责，能使业主和主管部门满意也是一件非常不容易的事情。

事实证明，只有在道德修养、工作方法都达到一定境界的情况下，才能在错综复杂的社会环境中立于不败之地。这不是一个简单的与业主脾气合得来与合不来的问题，而是一个综合素质问题，这与智商和情商的高低也很有关。

一般而言，难以控制施工单位的情况不能全怪我们总监，大多都与业主有关。笔者曾经于 1998 年在《建筑》杂志上发表的一篇文章中提出：推行监理制度关键在业主。除极个别（或在某个问题上）难以沟通的业主（本人也遇到过两次）外，绝大多数现场监理还是能控制住局面的。即使在监理一时处于被动时，我们的总监也要充满信心。因为你是代表投资方的真正利益，你是代表为工程把关的目的而工作，你不是孤军作战。要记住这两句话："办法总比困难多"，"困难像弹簧，你强他就弱，你弱他就强"。要有这样的信念，只要我们依靠有关各方（包括政府主管部门）的共同努力，正确一定会战胜错误，违规行为一定会得到遏制。

45. 为什么要当好总监，首先应明白监理单位的性质是什么？

答：工程监理单位不直接进行工程施工管理，不是工程产品的生产经营单位。工程监理是受建设单位委托为其提供管理和技术服务，是属于工程咨询行业，不要把监理是咨询服务行业，不是生产单位的概念弄混淆了，概念一混淆，职责就分不清了，这是一个十分严肃的问题。这次新修订的《建设工程监理规范》作了明确的阐述。

46. 总监为什么要有风险防范意识？在风险防范中应重点关注和采取哪些措施？

答：监理在执行任务、履行职责的过程中，应有风险意识，关键是要识别风险源。主要风险责任可能是质量、安全事故责任风险。而导致这两项风险责任产生的来源主要有三个方面：

业主方：应该审批手续不全，资金不到位，选择不合格或水平低的承包方，选择价低质次的工程材料、片面追求工程进度、对监理工作进行不合适的干涉、干扰，对严格履行职责的监理人员进行排斥。

承包方：质保、安保体系不落实，主要管理人员技术水平低、管理不到位、施工单位与建设单位有某种利益关系，安全防护措施不到位，人员、材料、设备、资金投入不足，安全专项施工方案难以落实，片面追求经济效益，使用不合格材料，对分包单位管理不力，非法分包、转包，尤其是对业主直接分包的单位疏于管理。

监理方：监理机构人员配备明显不足，专业配套不到位，个别监理人员能力不强、素质不高，难以胜任工作等。

总监要学会风险识别、评估、对策、执行（制定防范措施并付诸实施）、检查、防范、回避、转移（分配）。有的监理企业经验，从以下几方面着手：

（1）加强对监理投标的管理，进行合同评审，从签订监理委托合同起就把好关。

（2）选好总监，组建精明能干、高效的监理机构。

（3）加强企业制度建设，认真落实各项监理措施：组织措施、技术措施、经济措施、合同措施、信息管理措施，以增强抗风险的能力。

在防风险意识中尤其应注意以下几点：

（1）在预防职业风险中，总监一定要十分明白：在错综复杂、千头万绪的施工过程的监理工作中，什么事应该去做，而且一定要把它做好；什么事不能做，要防止。

（2）有关单位和人员有意或无意把监理当作"挡箭牌"和"替罪羊"。我们不是所有的总监在这两个问题上都能搞得清楚的。

(3) 有时总监会认为自己的意见100%正确，只要有“背水一战”、“破釜沉舟”的勇气就一定能取胜。不见得：“背水一战，不一定能胜”，“破釜沉舟，不一定不死”。必须在事先充分掌握大量有利因素，并且往最坏处着想，向最好处努力，权衡利弊、有充分的准备后才能取胜。

47. 总监如何做到动机与效果的统一?

答：这方面往往有许多教训。有的总监尽管有美丽的心灵、良好的愿望，纯洁的动机，但处理结果却不相同，甚至出现意料不到的相反效果。这就要求总监，要千方百计地动脑筋，争取动机与效果的统一。就是在道德修养和工作方法上下功夫。有时由于急于求成，不讲究工作态度和工作方法，致使对方明明能解决的问题，人家就是不去办，只能干着急，甚至采取极端方法和手段，结果越弄越僵。

我们应当是动机与效果统一论者。就如同一个医生，本来是想把病人的病治好，结果却乱开处方（由于不负责任或是本身医疗技术水平就不高），或者乱开刀，把病人给治死了，光有好的动机有什么用。这里还是涉及一个人的道德、能力与修养问题。过去有一个比喻，当时提倡知识分子如何做到又红又专，说什么是红，即政治上可靠，专是指技术上过硬。比如一个飞行员，政治上可靠，但飞机开不好，老出事，飞机上不了天；或者技术上很好，思想有问题，把飞机开到敌人那边去了。这里形象地讲了“红”与“专”的辩证关系。现在虽然社会环境不一样了，但这一点仍然很重要。这就是要求总监必须做到德才兼备。任何时候、任何社会、任何领域、任何单位用人都离不开这两个标准。只有德才兼备的人，才有可能使动机和效果统一起来。

48. 总监如何做到与被监理和被管理的对象形成互动，形成合力共同推进工程管理工作?

答：要与被监理的对象（施工单位）和被管理的对象（监理机构内部人员）达到互动，齐心协力，共同完成业主交给我们的任务，所包含的内容很多。我前面已经叙述很多。在监理工作实践中，有时会遇到难以管理的施工单位和难以管理的内部员工。就像老师遇到调皮的学生，骑兵遇到烈马，大多烈马都是良马，大多调皮学生都是十分聪明的学生，要有软硬兼施、恩威并重的修养与方法，就能监理好、管理好他们。只有被管理的对象与被监理的对象齐心协力，才能发挥最大的正能量，把整个监理工作搞好。俗话说得好：“强将手下无弱兵”。有的无能的领导就喜欢下面的人比他弱，如果是这样的人当总监，其项目监理部的战斗力可想而知。

49. 总监如何不断提高自己的威信?

答：要当好一个普通总监并不难，要当好一个称职的、优秀的总监比较难，但不是完全办不到。教师的职责是教书育人，但总监肩负的责任却一点也不比教师轻。虽然总监领导的监理工作与教师、医生的岗位性质完全不同，但所肩负的社会责任却一点也不比他们轻。理应与教师、医生一样，受到社会各界尊重。一旦工作不到位，就关系到整个工程质量、安全，涉及人民生命财产安全和社会影响，甚至影响工程的使用过程几十年。总监应当做为人师表的典范。始终自觉地把自己处于被监理和被管理的对象的监督之中。以前一个伟人曾经说过，一个人做一件好事并不难，难的是一辈子做好事不做坏事，这才是最难最难的啊！我们应当时刻告诫自己，要以高尚的道德修养要求自己，以精湛的技术本领和高超的领导艺术，赢得大家的尊重。

总监还应在以下几个方面注重自己的道德修养，才能更具威信与魅力：

（1）要敢于负责，敢于承担责任。不要把功劳留给自己，把错误、责任推给别人。

（2）要吃苦在前，享受在后。以前听说有个别总监把监理企业对监理部的奖励全部留给自己，是不可取的。

（3）要有善良之心和正义之感。只有尊重他人才能赢得别人尊重。

（4）要在监理工作实践中不断丰富和提高相关能力，善于交心谈心、做思想工作的能力，解决复杂技术难题和应对突发事件的能力等。

总监的威信还来源于对理论知识的不断探索、追求、不断总结创新，对监理过程中的每一个步骤的正确决策。就像战场上的一名指挥员，士兵跟着他总打胜仗，自然威信就高。否则，没有办法管住施工队伍，内部又闹不团结，使人感到跟这样的总监真窝囊，轻则自己没有威信，说话不灵，重则影响整个监理行业的形象。俗话说：兵熊熊一个，将熊熊一窝。

50. 总监如何正确面对监理职责不断扩大的新形势？

答：（1）应当弄清哪些是国家法律、法规规定的职责扩大，哪些是部门规定或业主的不当要求，是国家法律、法规新规定的，应当坚决地不折不扣地执行，丝毫不得马虎。如果其中有矛盾的地方，按照上位法大于下位法的原则执行，或者两者兼而用之，才能避免承担法律责任的风险。

（2）如果是属于行业主管部门、地方主管部门或业主的规定，只要不违背国家法律法规，也应当执行。如果属于违背国家法律、法规和技术规范、标准的规定或行为，则应当予以抵制。当然，抵制的方法也有讲究，可举一些实例。

（3）属于业主或有关部门个别工作人员不了解、不懂的无意扩大行为，我们应当有义务做宣传解释工作，使他们能认识到并且能理解我们，我们虽然没有按他们的意图做，但却是符合国家法律法规和技术规范的，以取得他们的理解和信任，切不可与其直接对抗。

我们要提高企业文化氛围，重视和加强总监的工作方法和道德修养教育，对认真履行监理职责，提高监理威信，塑造良好的监理形象，提高顾客满意度是十分有益的。当然道德修养的培养和工作方法的提高，是一项长期的系统工程，是一项艰巨的任务，不可能一朝一夕就能培养出成熟的全面人才。要把道德修养培养、讲究工作方法与企业管理制度建设结合起来，与企业文化建设结合起来，就能使监理队伍真正迈上一个新台阶。

尽管当一个如上所述的完全称职或优秀的总监是件不容易的事，但只要有“世上无难事，只要肯登攀”的决心、勇气与毅力，勇于实践，敢于探索，就一定能在磨砺中成长，在困难中前行！

# 第3章 监理资料的编写要求

## 3.1 监理大纲的编写要求

监理大纲是工程监理单位在施工监理项目招标工程中，为了承揽工程监理业务而编写的监理技术性方案文件。根据有关技术标准、规范的规定，结合工程实际，阐述对招标文件的理解，提出工程监理工作目标，制定监理工作方法与措施，发现监理工作重点、难点并提出相应的对策措施。监理大纲在激烈的市场竞争中起关键作用。一般情况下，监理投标文件的三大要素中，只要是存心想中标的单位，在投标报价、人员和监理设施的投入上均能满足中标文件需要，都可以得满分，关键就在监理大纲的编写水平了。有时监理大纲的总分仅相差 0.1 分就中不了标。可见监理大纲在投标中的举足轻重作用。

监理大纲可以提高业主的理解和信任度，促使业主放心选用投标监理企业。一旦中标后，监理大纲还可以作为现场监理机构编制监理规划的依据。

### 3.1.1 监理大纲编写前的准备工作

1. 认真阅读招标文件，全面了解、熟悉招标文件关于工程情况、投标注意事项，认真阅读并仔细研究评分标准。

2. 认真审阅招标单位提供的相关附件、资料、图纸，必要时实地勘察现场。

3. 翻阅大量的与本工程有关的技术资料（标准、规范、规程、图集）、勘察设计文件。

4. 参阅类似工程的监理大纲。

### 3.1.2 监理大纲的编制依据

1. 根据法律法规和当地政府、行业主管部门的相关规定。

2. 招标文件及附件。

3. 本章 3.1.1 中的相关内容。

### 3.1.3 监理大纲的主要内容

通常招标文件中监理大纲主要有以下内容和评分要求：

1. 监理大纲的系统性、全面性。

2. 质量控制的全面、合理、针对性。

3. 进度控制的全面、合理、针对性。

4. 投资（造价）控制的全面、合理、针对性。

5. 对安全生产、文明施工管理的监理工作的合理性、可行性。

6. 合同与信息管理方案的针对性、可操作性。

7. 现场组织协调方案的合理性、可行性。

8. 施工准备阶段、交工后缺陷责任期的监理工作方案的合理性、可行性。

9. 针对本工程重点、难点分析及监理对策、措施的合理性、科学性。

监理大纲应具有指导监理规划编制的基本内容和深度。在监理工作重点、难点上应当选择和把握工程特点，准确的分析并提出重点、难点的工作方法与措施。如专业技术复杂（包括四新技术的应用)、危险性较大的分部分项工程，以及各专业技术规范中的强制性标准，都应作为监理工作控制、监管的重点、难点。对工期特别紧的项目，也可将如何正确处理好质量安全与工期的矛盾作为监理工作的难点之一认真对待。

### 3.1.4　监理大纲的编写要求

编制监理大纲应注意符合以下要求：

1. 符合国家法律法规、招投标法、合同法等。

2. 符合招标文件，尤其要全面、准确、实质性地符合招标文件要求，否则会废标。比如：引用的技术规范、标准必须是现行有效的，不能引用已经过期废除的规范、标准。

3. 应有全面的管理制度作保证。

4. 质量控制、进度控制、造价控制以及对施工单位的安全生产管理的监理工作方法与措施应得当，切实可行，具有全面性、合理性、针对性和可操作性。

5. 监理大纲应具有系统性和全面性。

6. 监理机构的人员组成合理，应注意专业配套齐全，年龄结构（老、中、青）合理，上岗资质（上岗证和技术职称高、中、低搭配）符合有关规定。职责分工明确，责任清晰。正确处理好与业主和施工单位的关系。

7. 监理大纲应文字规范，语言简洁明了，篇幅不宜过长。但为了适应市场竞争需要，当地如果没有规定的，则应随市，有时别人的大纲内容篇幅较长，你编写的大纲过分简明扼要，反而会吃亏；有的招标文件限量不超过 100 页，则应从其规定。

8. 编写监理大纲，应切忌犯低级错误，比如：招标文件规定的装订及文字排版要求（暗标较普遍)，千万不能搞错；还有在选用其他监理大纲段落时，不要照搬，把甲地的情况写到乙地大纲中，把住宅小区的内容写成工业厂房；把独立基础写成桩基础等张冠李戴现象时有发生；所应用的技术标准、规范一定是现行有效而不是过期失效的版本。还有不得出现明显违背招标文件条款的内容等。

9. 在充分了解投标工程情况的基础上，监理大纲的针对性要强，提出的各项控制方法与措施切实可行，可操作性强，尽量少说空话、套话，容易得高分。

10. 应把握好重点、难点的选择，既切合实际，采取的措施又得力，并且能有针对性地提出合理化建议，突显亮点，可以得高分。要取得如此效果，大纲编写人员的工作经验十分重要。

11. 监理大纲评分办法一般分好、中、差三个等级打分，在投标文件中大纲占 18～35 分。要使监理大纲打出高分，就必须认真对待。要写出内容全面、系统，重点突出、措施得力，使评委打出高分的监理大纲，没有丰富的监理知识和工程管理、控制经验，是难以编写出好的大纲的。

12. 为了提高监理投标的中标率，监理单位的经营管理者应当高度重视监理大纲的编写质量。企业主要领导应关注重点项目监理大纲的编制。有的监理企业，除安排专人负责日常投标监理大纲的编写外，还对规模较大的重点项目、势在必得的项目，组织监理企业内部不同专业的技术人才分别编写有关章节，并且安排工作经验最丰富、文字功底最强的人员参与大纲重点内容的编写，并对整个大纲的内容审核把关。许多成功中标的实践证明，如此做法都能如愿以偿。

## 3.2 监理规划的编制要求

### 3.2.1 监理规划编制中的问题

从监理项目检查和《监理规划》审核中发现，仍有部分项目监理部《监理规划》编制存在一定缺陷。在编制内容和审批程序上主要存在以下问题：

1. 监理规划编制内容不结合工程实际，缺乏针对性和可操作性。

2. 监理规划内容太细、太具体，与监理细则内容相仿。

3. 把其他项目的监理规划拿来就用，总监对具体内容未认真审查，只是把项目名称和工程概况简单替换，就算完成任务，结果规划里多次出现其他项目的名称和工程内容。

4. 有的监理方法及措施，写成了施工方法和措施，变成了施工方案。

5. 有的编制内容不全，没有把“安全”、“节能”、“旁站”等内容单独列为一章，有的没有监理人员的进退场计划。

6. 有的电子文件初稿传到监理公司审核时，上面未署明项目名称、总监姓名及联系方式，导致审核后无法联系；有的多处出现明显的低级错误，申报前总监没有审查。

7. 有的在办理签字盖章手续前，封面总监未签字。

8. 不及时采用最新版本《监理现场用表》（如：在江苏省，现在应当采用对应于2013新《建设工程监理规范》的第五版《监理现场用表》）。

《监理规划》是项目监理机构针对项目的实际情况编制的、是指导监理工作的纲领性文件，应在召开第一次工地会议前报送建设单位；项目实施监理过程中用《监理规划》指导监理工作，项目竣工后《监理规划》要归档。监理规划不但关系到监理工作的成效，而且关系到业主对监理机构的印象，监理机构能否得到业主信任，关系到行业协会和政府主管部门对监理机构的检查考核。如果《监理规划》编制水平较高，有利于提升监理威信，有利于监理工作的顺利开展；反之，如《监理规划》编制水平不高或有错误，则有可能影响监理工作开展或者被主管部门批评与处罚。因此，项目总监应当重视《监理规划》的编制。

### 3.2.2 监理规划编制要点

为了进一步提高监理规划编制水平，提高一次审批通过率，现将有关编制要点阐述如下：

1. 监理规划的编制内容、审批程序必须遵照《建设工程监理规范》GB/T 50319—2013、省住房城乡建设厅及监理企业的规定，监理规划引用的法律法规和技术标准、规范必须是现行有效版本。

2. 监理规划编制时间，按《建设工程监理规范》规定，应当是在签订委托监理合同及收到工程设计文件后，由总监理工程师组织，专业监理工程师参加编制，一般应在监理机构进场后二周内完成。监理规划的编制、审核、报送等均应符合监理公司的有关规定。根据监理公司质量管理体系贯标文件《管理程序》的要求，《监理规划》编制后由总监首先审核签字，报送公司技术部门。审核过程可以用电子版申报，经公司技术部门审查确认，再形成书面文字版经公司技术负责人审核签字，盖监理单位印章后报送业主。

3. 根据《建设工程监理规范》GB/T 50319—2013，结合国家有关部门的规定和实际情况，现推荐以下比较规范的监理规划内容（目录或提纲）：

第一章　工程概况

第二章　监理工作范围、内容、目标

第三章　监理工作依据

第四章　项目监理机构组织形式、人员配备及进退场计划

第五章　监理人员岗位职责

第六章　监理工作程序

第七章　监理工作制度

第八章　工程质量控制

第九章　工程造价控制

第十章　工程进度控制

第十一章　安全生产管理的监理工作

第十二章　合同与信息管理

第十三章　组织协调工作

第十四章　节能监理工作

第十五章　旁站监理方案

第十六章　监理工作设施

第十七章　本工程监理工作的重点、难点分析及其对策

备注：①《建设工程监理规范》及相关规定并没有明确要求编制监理规划应有第十七章的内容，如有需要，则可以在规模较大及技术复杂或采用“四新”技术工程的项目上，编写“本工程监理工作的重点、难点分析及其对策”。

②监理工作内容，可参照《建设工程监理合同（示范文本）》中第2.1.2条编写。

③“安全生产管理的监理工作”，注意规范用语的真实含义。有的把该项写成“安全生产方案”，搞不清监理工作的性质，应当是“对施工单位安全生产管理的监督管理”，即简称“安全生产管理的监理工作”。

### 3.2.3　编制监理规划应注意的事项

1. 规模比较大的工程项目，一般桩基施工与主体结构施工间隔时间较长，等收到主体结构设计文件后，监理规划要及时作相应修改补充，并经过原报审程序后报建设单位。

2. 监理规划的编制应符合工程实际情况，并具有可操作性。

3. 安全生产监管方法与措施中，要明确履行安全监管的范围、内容、工作程序和制

度、方法、措施等。安全监管的主要依据不能少，如《建筑法》、《建设工程安全生产管理条例》、住房城乡建设部建质［2009］87号文及其他有关法律、法规、安全管理技术规范中的强制性条文等。

4. 监理人员的进退场计划应该根据工程的形象进度和实际工作需要制定。

5. 监理规划可以在总体原则下作一些个性化的编制，但一些重要而又常规的监理工作方法与措施内容不能少。常规的工作方法有工程质量的事前、事中、事后控制；验收不合格的材料不得用于工程中，上一道工序验收不合格的，不得进行下一道工序；未经总监理工程师签字，不得支付工程款等。工作措施中应有合同措施、组织措施、技术措施、经济措施等。

6. 监理工作内容，应与2012年版《建设工程监理合同（示范文本）》中的22条规定一致，监理工作依据应与2013版《建设工程监理规范》的规定相一致。

### 3.2.4 工程的重点、难点分析及相应对策

本工程的重点、难点分析及相应的对策，应是本工程质量控制、安全生产管理的监理工作重点。

1. 技术复杂和采用新技术的分部、分项工程，如桩基工程、深基坑支护、逆作法施工、后注浆技术、地源热泵、高支模、钢结构吊装、大跨度预应力梁施工、幕墙工程、节能工程等应作为监理工作重点。如果把几乎所有分部、分项工程都列入重点、难点范围，则重点就不突出了。一个工程项目选几个特点、难点就可以了。

2. 本部分应突出本工程监理工作的重点、难点及其对策，有的规划稿此章就写了近100页，不尽妥当。编制监理规划时要注意以下几点：

（1）从内容上看，很全面，很细。但要知道规划与细则的区别，规划应是对本工程的监理工作总体计划，本部分中的有些内容可以放到监理细则中去，有些内容如工人如何操作（浇筑混凝土时工人操作振动棒应当快插慢拔），应当果断删去，这类内容应当是施工单位技术人员向施工班组进行交底的内容，不能作为《监理规划》及《监理实施细则》的内容。

（2）往往一个房建工程桩基施工阶段就要编制监理规划，除桩基施工图外，其他图纸尚未出来，一定缺乏针对性。所以其他专业章节写得越细，针对性越差。待上部图纸出来一定要及时修改补充，才能有针对性。

（3）要是每个专业都写得太细，就突不出重点、难点，从语法上也讲不通。如果是专业技术方面的重点、难点，重点应当是强制性标准，是验收规范中的黑体字部分，是各类验收记录表中的主控项目；技术质量控制的难点还有一点不可忽视的是质量通病防治的监理工作。

3. 本工程监理工作的重点、难点，除重要部位和分项工程的技术质量外，还应有以下几个方面需要关注：

（1）有的工程由于规模大、工期紧，施工图进度跟不上，设计变更多，对质量控制、造价控制、进度控制都不利，应是监理工作的难点；过短的工期会增加工程安全生产管理监理工作的难度。

（2）由于各专业工程量大，技术复杂，分包单位多，组织协调工作难度加大。

（3）根据使用功能，土建方面钢筋混凝土结构、钢结构，高度、跨度都比较大，特别是超过一定规模的危险性较大的分部分项工程，安全监管也当应作为监理工作的重点、难点。

（4）如大型会议中心、文体活动中心、体育设施、高档宾馆、写字楼，智能化、消防要求高，也应当是监理工作的重点。

监理规划中的监理人员岗位职责及工程质量、造价、进度控制、安全生产管理的监理工作内容应参照《建设工程监理规范》GB/T 50319—2013 的相应内容和相关法律法规编写。

### 3.2.5　监理规划编制文字处理要求

《监理规划》所用字体应前后一致，一般可选用四号或小四号宋体，框图应经过整图编辑，防止零散、杂乱。《监理规划》一般应准备 3 份原件（建设单位、监理单位、监理部各 1 份）。

重要的监理文件，如《监理规划》、《监理工作总结》、《工程质量评估报告》和《监理月报》等的编制、审核质量，要与各项目监理部的考核挂钩。

监理部应重视《监理规划》的编制工作，力求做到报审的《监理规划》程序规范，内容完整、全面，具有针对性和可操作性。

## 3.3　工程质量评估报告的编制要求

通过对工程质量评估报告的审核发现，有些项目监理部编制质量不高，没有按照有关规定编制，有的写出监理如何进行了全面的监理工作，却反映不出监理组织预验收的情况；有的对质量评估结论的内容写不全，或者不按质量验收标准编写；有的没有相关工程质量验收检查记录情况，只说明符合强制性标准。实际上质量验收应符合设计和技术规范，质量验收记录中分主控项目和一般项目，主控项目（在规范中是黑体字）就是强制性标准，一般项目是指允许有偏差的。强制性标准必须达到，允许有偏差的项目也必须在允许误差范围内，才能说符合验收规范，才可以判断是否验收合格的质量评估结论。无论分部（子分部）工程，还是单位工程质量评估报告的监理验收结论，有四个方面的内容都不能少，详见后面的说明。

工程质量评估报告必须反映出所监理的工程，施工质量达到了验收规范、标准和技术规范的要求，符合国家有关工程质量的法律、法规。为了进一步规范监理文件的编制，提高工程质量评估报告的编制水平，提高一次报审通过率，须再次明确以下编制要求。以后可作为对监理部及总监理工程师、专业监理工程师工作质量、工作能力、工作态度的考核依据之一。

根据有关规定，项目监理机构在单位（子单位）工程竣工验收前，监理机构组织预验收，对存在的问题要求整改复查合格后，都应及时编制相应的工程质量评估报告。

### 3.3.1　工程质量评估报告的编制依据

1. 工程建设的有关法律、法规。

2. 工程设计文件，承包合同。

3.《建设工程监理规范》GB/T 50319—2013。

4.《建筑工程施工质量验收统一标准》GB/T 50300—2013。

5. 各专业工程施工质量验收规范。

6.《江苏省建设工程施工阶段监理现场用表》（第五版）使用说明。

### 3.3.2 分部（子分部）工程验收、单位工程竣工验收程序

1. 按照施工承包合同规定的工程量已经完成，施工单位在自行检查评定的基础上，填写工程竣工报告。总监理工程师应组织专业监理工程师，对承包单位报送的工程资料进行审查，并对工程（实体）质量进行竣工预验收。

2. 验收小组组成

分部（子分部）工程验收，一般由建设、监理、设计、施工单位相关人员参加，当地建设主管部门参加地基与基础（桩基子分部）分部工程、主体结构工程验收。单位工程竣工验收还得有勘察、设计单位代表参加。

单位（子单位）工程竣工预验收，一般也是由现场施工、监理、建设单位代表参加，重大项目的竣工预验收也可邀请设计及主管部门相关人员参加。现场（预）验收小组参建的三方应有以下人员：

建设单位：项目负责人、项目总工（技术负责人）、甲方代表（也可能是前二者之一）。

施工单位：项目经理、项目总工（项目技术负责人）、质检员（资料）。

监理单位：总监理工程师、专业监理工程师、监理员（资料）。

需要说明的是：分部（子分部）工程验收应是总监理工程师组织，竣工验收是业主组织，总监理工程师和专业监理工程师参加。

3. 房建工程验收小组可以分两个专业小组，土建和机电安装（如果是自来水厂、污水处理厂、道路、管网工程，则可分土建和市政两个小组）。

4. 验收工作内容（分两大部分）

（1）对承包单位报送的工程验收资料进行审查。

建筑工程质量相关检查记录应符合《建筑工程施工质量验收统一标准》GB/T 50300—2013 的规定。

1）分部（子分部）工程质量验收资料

附录 D：检验批质量验收记录，表 D.0.1。

附录 E：分项工程质量验收记录，表 E.0.1。

附录 F：分部（子分部）工程质量验收记录，表 F.0.1。

2）单位（子单位）工程质量竣工验收记录

表 A.0.1 施工现场质量管理检查记录。

表 G.0.1-1 单位（子单位）工程质量竣工验收记录。

表 G.0.1-2 单位（子单位）工程质量控制资料核查记录。

表 G.0.1-3 单位（子单位）工程安全和功能检验资料核查及主要功能抽查记录。

表 G.0.1-4 单位（子单位）工程观感质量检查记录。

其他要求：地方政府主管部门（或城建档案部门）以及各专业工程施工质量验收规定中的资料要求。

注意：工程质量评估报告中的资料主要是分类汇总数据，应当与施工单位申报的数据一致，具体表式见上述内容。

（2）对现场工程实体质量进行（竣工预）验收

对存在的问题，应及时要求（书面通知）施工单位进行整改。整改完毕经监理复验合格后由总监理工程师签署分部工程［单位（子单位）工程竣工］报验单，并在此基础上编写工程质量评估报告。工程质量评估报告应经总监理工程师和监理单位技术负责人签字、盖监理单位印章后报建设单位。

建设单位收到工程质量评估报告后，即可组织单位（子单位）工程竣工验收。竣工验收的参加单位与人员，由建设、监理、施工三方根据工程实际情况，遵照有关部门要求商定。

### 3.3.3　工程质量评估报告的内容

1. 分部（子分部）工程

（1）工程验收的工作情况介绍（验收的时间、地点、参加验收的单位及相关人员名单）。

（2）工程概况（工程特点、质量目标和质量控制依据）。

工程实施概况（注意：必须是概况），应主要包括建设工程名称、地址、工程规模、项目批文；建设单位、设计单位、勘察单位、施工单位、监理单位、质量安全监督单位；建筑层数、建筑总高度、结构类型及装修概况，开竣工日期等。

监理对工程质量的控制情况（工程质量控制重点和制订的技术措施），包括设计、建设、施工、监理有关各方对质量的控制要点，主要从以下四个方面分别简要阐述：

1）材料（原材、辅材、成品、半成品）的质量控制。

2）施工过程的工序验收和隐蔽工程验收。

3）工程质量实体检验以及有关安全、功能检验和抽样检测。

4）工程外观质量检查。

（3）工程质量检验、检测、试验报告结果汇总，应以统计报表形式出现。

（4）分部（子分部）工程质量验收合格应符合以下规定（同时也是质量评估报告中监理应有的质量评估结论，否则就是不合格的）：

1）分部（子分部）工程所含分项工程的质量均验收合格（符合设计和规范要求）。

2）质量控制资料完整。

3）分部工程有关安全及功能的检验和抽样检测结果应符合有关规定。

4）观感质量验收符合要求。

2. 分项工程质量验收合格规定

（1）分项工程所含的检验批均应符合合格质量的规定。

（2）分项工程所含检验批的质量验收记录应完整。

3. 检验批质量合格规定

（1）主控项目和一般项目的质量抽样检验合格。

(2) 具有完整的施工操作依据、质量检查记录。

4. 单位工程（竣工）质量评估报告的内容：

(1) 竣工预验收小组成员名单及分工等。

(2) 工程概况。

(3) 竣工预验收经过。

(4) 工程质量验收相关检查记录汇总表，作为质量控制资料的依据，重要的分部分项工程验收合格还应符合相应专业工程施工质量验收规范的专项规定，如桩基工程、节能工程、幕墙工程、钢结构工程等。

5. 监理对单位工程质量的评定内容

(1) 本单位（子单位）工程所含分部（子分部）工程的质量均符合设计和规范要求，验收合格。

(2) 质量控制资料完整。

(3) 单位工程（子单位）所含分部（子分部）工程有关安全和功能的检查结果符合相关专业质量验收规范的规定，检测资料完整。

(4) 观感质量符合要求。

注：竣工验收时，以上质量评定的4项内容一个也不能少，否则，就不能评为合格。

竣工预验收监理结论：验收合格（或者加上“同意组织竣工验收”）。

6. 建设单位在接到监理单位工程质量合格的评估报告后，即可组织单位（子单位）工程竣工验收。对一般分部（子分部）工程验收，参加单位有建设、施工、监理、设计单位的项目负责人和当地主管部门人员参加，对基础（包括桩基）分部和单位工程竣工验收，除上述人员外，还得有勘察、设计单位的代表参加，有时竣工验收城建档案馆也派代表参加。分部工程验收由总监理工程师组织。

7. 根据江苏省住房城乡建设厅颁发的《江苏省建设工程施工阶段监理现场用表（第五版）》要求，竣工验收前的工程质量评估报告应包括以下内容：

(1) 工程概况。

(2) 竣工预验收情况（验收内容及符合情况）。

(3) 竣工预验收的监理结论。

一般还应有以下附件：

附件（一）：单位（子单位）工程质量控制资料监理核查记录表。

附件（二）：单位（子单位）工程有关安全和功能检验资料，主要功能项目的抽查及监理检查记录汇总表。

附件（三）：单位（子单位）工程观感质量监理检查验收记录。

附件（四）：监理抽检/见证试验情况汇总及说明。

附件（五）：竣工预验收小组成员名单及分工表。

工程质量评估报告应经监理单位技术负责人审批同意。

### 3.3.4　其他注意事项

工程质量评估报告应注意以下几方面问题：

1. 竣工验收遗留的整改问题，商定的解决办法及整改复查结果需要在报告中反映出来，一般情况下如果没有竣工验收遗留问题需要处理，此类事项在质量评估报告中可以不写。

2. 有的项目把质量事故的处理，不管有无都写上，也没有必要。即使曾经发生过一般质量事故，因为已经作过处理并复查验收通过，应该是处理完毕，且经验收符合要求后才组织分部工程或者单位工程验收。此类情况可以反映在工程质量控制情况中。

3. 工程质量评估报告由总监理工程师组织专业监理工程师编写，总监理工程师一定要亲自把关，认真审核。在监理企业的技术管理实践中，有的工程质量评估报告，明显看出总监没有审核，所以问题比较多，甚至出现不该有的常识性错误。

4. 在履行报审程序前应先在网（信息平台）上将电子版报监理公司技术负责人（总工程师或由总工程师授权具有相当水平与能力的总工程师代表负责审核），监理机构应根据审核意见修改，返回审核人通过后，再执行签批盖章程序，将会少走弯路，提高工程质量评估报告的编写水平和监理工作效率。

## 3.4　监理实施细则的编写要求

在监理工作实践中，有时会遇到有些监理人员不会编写监理实施细则，有的甚至感到无从下手；有的监理实施细则不结合工程实际，无针对性和可操作性；有的现场监理人员甚至要求监理企业编制一个通用的监理实施细则，供他们可以不用动脑筋，拿来就用。为什么要编制监理实施细则，哪些分部分项工程需要编写监理实施细则，监理实施细则编制与审批程序有何规定，编制监理实施细则有哪些依据，监理实施细则应包括哪些内容，有哪些基本要求。本节就以上问题分别作一些阐述。

### 3.4.1　编制监理实施细则的作用与意义

监理实施细则是监理机构的专业监理工程师，根据本专业特点，依据相应设计和技术规范、标准要求，依据监理规划制定的监理程序，结合专业技术特点编制的针对本分部分项工程的监理工作方法、措施和要求。监理实施细则，作为监理工作的基本准则，有利于避免监理工作的无序开展和盲目性，有利于提高监理工作规范化水平，有利于提高监理工作成效，有利于提高顾客满意度，有利于法律法规的具体落实和执行。因此，编制好监理实施细则，是考核和衡量专业监理工程师工作能力与管理水平的一项重要标志。

通过对监理细则的编写，可以让现场监理人员，尤其是专业监理工程师，通过熟悉图纸和技术规范，加深对工程的理解和认识，可以有重点地提出预防措施和对策，从而提高主动控制、动态管理的效果。通过对监理细则的编制，可以提高监理人员的专业技术水平，使监理工作法制化、规范化、制度化管理落到实处。

### 3.4.2　需要编制监理实施细则的分部分项工程

根据《建设工程监理规范》GB/T 50319—2013规定，“对专业性较强、危险性较大的分部分项工程，项目监理机构应编制监理实施细则”。这一规定很明确，不是所有的分部分项工程都要编制监理实施细则，主要应抓住“专业性较强”、“危险性较大”这两个特点。

1. 专业性较强的分部分项工程，在房屋建筑与基础设施工程中，一般应包括的内容见表3-1。

专业性较强的分部分项工程范围　　表3-1

| 序号 | 分部工程 | 子分部工程 | 分项工程 |
|---|---|---|---|
| 1 | 地基与基础 | 地基与基础处理<br>桩基<br>深基坑<br>地下防水 | 土方开挖与回填<br>排水、降水、地下连续墙、锚杆、沉井与沉箱、钢及混凝土支撑各类桩基 |
| 2 | 主体结构 | 混凝土、劲钢（管）混凝土结构、钢结构、网架和索膜结构 | 模板、钢筋、混凝土、预应力、装配式结构、钢结构制作与安装、防火、防腐 |
| 3 | 建筑装饰装修 | 地面、门窗、吊顶、幕墙、隔墙、饰面板 | 耐磨与防水、防渗、防静电、新型材料、门窗及外围结构保温节能、新型材料隔墙金属、玻璃、石材幕墙、饰面板粘贴与安装 |
| 4 | 建筑屋面 | 卷材、涂膜、刚性防水隔热屋面 | 保温层、找平层及细部构造架空、蓄水、种植屋面 |
| 5 | 建筑给水排水及采暖 | 省内外给水排水系统管网、游泳池、锅炉消防 | 管道及设备安装、防腐、隔热、防渗漏、水压测试 |
| 6 | 建筑电气 | 室外电气、变配电室、电气动力、电气照明、防雷接地 | 变配电所电气设备，柜、箱安装，管线、接地装置安装，照明线敷设，开关插座灯具安装通电试运行 |
| 7 | 智能建筑 | 通信网络系统、办公自动化系统、建筑设备监控系统、火灾报警及消防联动系统、安全防范系统、综合布线系统、智能化建成系统、电源与接地、环境住宅（小区）智能化系统 | 通信、有线电视、公共广播、计算机网络信息平台及办公软件火灾报警、电视监控系统等 |
| 8 | 通风与空调 | 送排风系统、防排烟、除尘系统、空调风系统、净化空调系统、制冷设备系统、空调水系统 | 风管机配件制作、风管系统、空气处理设备安装、防腐、绝热处理、设备调试 |
| 9 | 电梯 | 各类形式的电梯安装工程 | 设备进场验收、土建交接检验各类配件、装置的安装验收 |

注：(1) 以上仅根据常规认为应掌握的专业性较强的分部分项工程，但不限于以上内容。

(2) 专业性较强的分部工程中的分项工程，应根据工程规模大小、技术复杂程度，一般可与分部（子分部）工程统筹编制监理实施细则。

2. 危险性较大的分部分项工程范围见表3-2。

**危险性较大的分部分项工程范围　　表3-2**

| 序号 | 危险性较大的分部分项工程 | 超过一定规模的危险性较大的分部分项工程 |
|---|---|---|
| 1 | 基坑支护、降水工程<br>(1) 开挖深度超过3m或虽未超过3m地质条件和周边环境复杂的基坑（槽）支护、降水工程。<br>(2) 开挖深度超过3m（含3m）的基坑（槽）土方开挖工程 | 深基坑工程<br>(1) 开挖深度超过5m（含5m的土方开挖、支护、降水工程）。<br>(2) 开挖深度虽为超过5m，但地质条件、周围环境和地下管线复杂，或影响毗邻建筑（构筑）物安全的土方开挖、支护降水工程 |
| 2 | 模板工程及支撑体系<br>(1) 各类工具式模板工程：包括大模板、滑模、爬模、飞模等工程。<br>(2) 混凝土模板工程：搭设高度5m及以上，搭设跨度10m及以上，施工总荷载10kN/m² 及以上，集中线荷载15kN/m及以上；高度大于支撑水平投影宽度且相对独立无连系构件的混凝土模板支撑。<br>(3) 承重支撑体系：用于钢结构安装等满堂支撑体系 | 模板工程及支撑体系<br>(1) 工具式模板工程：包括滑模、爬模、飞模。<br>(2) 混凝土模板支撑工程：搭设高度8m及以上；搭设跨度18m及以上，施工总荷载15kN/m² 及以上；集中线荷载20kN/m及以上。<br>(3) 承重支撑体系：用于钢结构安装等满堂支撑体系，承受单点集中荷载700kg |
| 3 | 起重吊装及安装拆卸工程<br>(1) 采用非常规起重设备、方法，且单件起吊重量在10kN及以上的起重吊装工程。<br>(2) 采用起重机械进行安装的工程。<br>(3) 起重机械设备自身的安装、拆卸 | 起重吊装及安装拆卸工程<br>(1) 采用非常规起重设备、方法，且单件起重量在100kN及以上的起重吊装工程。<br>(2) 起重量300kN及以上的起重设备安装工程，高度200m及以上内爬起重设备的拆除工程 |
| 4 | 脚手架工程<br>(1) 搭设高度24m及以上的落地式钢管脚手架工程。<br>(2) 附着式整体和分片提升脚手架工程。<br>(3) 悬挑式脚手架工程。<br>(4) 吊篮脚手架工程。<br>(5) 自制卸料平台、移动操作平台工程。<br>(6) 新型及异型脚手架工程 | 脚手架工程<br>(1) 搭设高度50m及以上落地式钢管脚手架工程。<br>(2) 提升高度150m及以上附着式整体和分片提升脚手架工程。<br>(3) 架体高度20m及以上悬挑式脚手架工程 |
| 5 | 拆除爆破工程<br>(1) 建筑物、构筑物拆除工程。<br>(2) 采用爆破拆除的工程 | 拆除爆破工程<br>(1) 采用爆破拆除的工程。<br>(2) 码头、桥梁、烟筒、水塔或拆除中容易引起有毒有害气（液）体或粉尘扩散、易燃易爆事故发生的特殊建、构筑物的拆除工程。<br>(3) 可能影响行人、交通、电力设施、通信设施或其他建、构筑物安全的拆除工程。<br>(4) 文物保护建筑、优秀历史建筑或历史文化风貌区控制范围的拆除工程 |

续表

| 序号 | 危险性较大的分部分项工程 | 超过一定规模的危险性较大的分部分项工程 |
| --- | --- | --- |
| 6 | 其他<br>（1）建筑幕墙安装工程。<br>（2）钢结构、网架和索膜结构安装工程。<br>（3）人工挖孔桩工程。<br>（4）地下暗挖、顶管及水下作业工程。<br>（5）预应力工程。<br>（6）采用新技术、新工艺、新材料、新设备及尚无相关技术标准的危险性较大的分部分项工程 | 其他<br>（1）施工高度50m及以上的钢结构安装工程。<br>（2）跨度大于36m及以上的钢结构安装工程。跨度大于60m及以上的网架和索膜结构安装工程。<br>（3）开挖深度超过16m的人工挖孔桩工程。<br>（4）地下暗挖工程、顶管工程、水下作业工程。<br>（5）采用新技术、新工艺、新材料、新设备尚无相关技术标准的危险性较大的分部分项工程 |

注：以上超过一定规模的危险性较大的分部分项工程，施工单位应组织专家论证。具体要求参照住房城乡建设部《危险性较大的分部分项工程安全管理办法》（建质［2009］87号）文件执行。

### 3.4.3 监理实施细则的编制时间与审批程序

1. 编制时间

按规定需要编制分部分项工程监理实施细则，应在监理规划编制后，该分部分项工程施工开始前编制。

2. 审批程序

相应专业的监理工程师编制监理实施细则后，报总监理工程师审批后实施。

### 3.4.4 监理实施细则的编制依据

1. 监理规划——已经批准的监理规划。

2. 工程建设标准、工程设计文件——包括各类专业技术规范、规程、验收标准。

3. 施工组织设计、（专项）施工方案——已经批准的施工组织设计、包括（各类）专项施工方案。

### 3.4.5 监理实施细则的主要内容

1. 专业工程特点

编制专业性强、危险性较大的分部分项工程监理实施细则时，一定要掌握本专业的工程特点，不同的工程项目所处的工程周围环境、使用功能、质量、工期、造价等项目目标也有差异，设计要求也不一样，只有全面了解建设单位要求，设计意图的基础上，才能编写出针对性强、符合本工程特点的监理实施细则。所以有的要求靠一个所谓的细则模板是不妥的。

2. 监理工作流程

分部分项工程监理流程，应与监理规划中的有关流程相对应，实际上也是监理程序的集中体现。可以文字表述，也可采用流程图的方式表达。

3. 监理工作要点

在符合监理规划中的本工程监理要点的原则下，应结合本分部分项工程的专业特点，以及设计提出的重点要求、业主要求特别关注的事项、规范中有关质量、安全的强制性标准都应作为监理工作要点。

4. 监理工作方法及措施

监理工作方法与措施，应当与监理规划中的控制方法与措施原则上一致，但比监理规划内容更具体，更富有针对性和可操作性。

监理工作方法中的事前控制（审查分包单位资格、审查专项施工方案、见证取样验收进场材料、设备、构配件）、事中控制（施工过程中监理加强巡视、检查、平行检验、工序验收和隐蔽工程验收）、事后控制（组织分部分项工程验收、工程资料和实体验收、设备及使用功能验收、调试）。

监理措施，应根据工程特点、合同内容等具体情况，编制相应的组织措施、技术措施、合同措施、经济措施、信息管理措施等。

### 3.4.6　编制监理实施细则的注意事项

1. 监理机构中，除专业监理工程师外，其他监理人员也可在专业监理工程师指导下参与编写。

2. 编制人员在编写前，应注意收集和熟悉有关资料（监理规划，有关工程技术规范、标准、标准图集、规程等），设计文件（包括工程地质勘察报告、施工图及审图文件、图纸会审交底记录、设计变更、工程变更及签证、施工投标文件等），施工组织设计、（专项）施工方案，属于专业性强和危险性较大的专项施工方案中还应包括安全事故应急预案。除此以外，编写监理细则前还应到现场深入了解施工环境，便于在制定监理工作方法和措施时，更切合实际。

3. 在实施建设工程监理过程中，监理实施细则可根据实际情况进行补充、修改，并应经总监理工程师批准后实施。

4. 编制监理实施细则一定要严格遵守国家相关法律、法规，比如，危险性较大的分部分项工程专项施工方案的审批程序、安全事故应急预案的内容、有关安全管理技术措施是否符合相关专业的强制性标准、还有哪些超过一定规模的危险性较大的分部分项工程需要组织专家论证等，都要搞清楚。

5. 要注意，有的监理实施细则把施工单位的施工技术方案或者有关专业技术规范的条文照抄进去，甚至连有关施工工序，工人如何操作的内容也写进去，好像是施工单位的施工技术、施工工艺交底材料。与监理工作细则文不对题。

6. 监理实施细则应针对性强，具有可操作性。应与监理规划的原则一致。

7. 监理的工作方法与措施，应重点确定预控，质量安全是工程建设的永恒主题，应强调预防为主，过程控制。

8. 细则中引用的技术规范、规程、标准和设计文件的名称、文号及表式应明确、清晰。用语应规范。

9. 总监理工程师审批监理实施细则时，一定要认真负责，要看其内容是否符合监理规范和监理规划，是否符合相关要求，切不可看都不看，拿到就批。总监理工程师审查时要看编制内容是否符合规范要求，所编制的专项分部分项工程监理实施细则与其相关联的分部分项工程监理工作的组织协调是否合理；还要看是否符合工程实际，是否具有可操作性，否则应要求补充修改后再予以批准。编制监理实施细则，应当作为监理人员日常工作的指导书，而不是作为形式，编写后，放在文件柜中做样子，作为摆设，为了应付检查用。日常工作中应当检查对照监理工作是否按细则执行，应当不断检查，不断纠偏，才能提高监理工作效率和水平，获得满意的监理效果。

# 第4章 监理用表的填写与监理资料管理

## 4.1 监理资料的管理工作

### 4.1.1 资料管理工作的重要性

工程资料是在建设过程中形成的各种形式的信息记录，包括基建文件、监理资料、施工资料、设计文件和竣工图及影像资料。

监理文件资料是实施监理过程的真实反映，既是监理工作成效的根本体现，也是质量、安全事故责任分析的重要依据之一，项目监理机构应做到“明确责任、专人负责”。

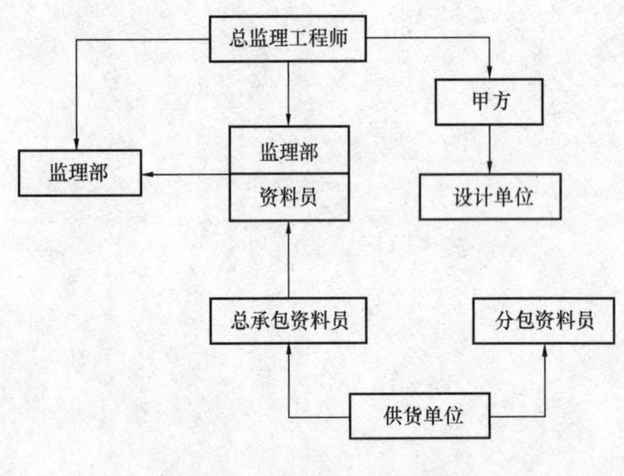


图4-1 监理部资料员联系图

监理部应有信息资料管理制度，工程监理文件资料管理工作应做到及时、准确、完整。监理人员需如实记录自己负责的文件资料，由总监安排专人负责分类归档管理。

1. 随着监理工作走向法制化和规范化，对施工监理资料的要求越来越高。一项工程从监理部进驻工地开始，就有资料产生，每一项工程的施工过程都应当有真实的记录。资料员的工作是贯穿于整个工程每一步和每一个环节，与各单位、各部门、各个专业都有关联。

从图4-1不难看出，资料工作在施工监理过程中起核心作用。

2. 一个工程项目建设过程中，考核其项目成效，工程质量验收，主要是两项：(1)监理资料；(2)工程实体。

无论是分部、分项工程验收，还是整个单位工程验收，都必须对上述两项进行验收。

3. 监理资料反映监理部的工作成效，是施工现场监理工作的真实记录，应当符合监理企业质量管理体系和考核标准要求，是企业和行业协会以及建设行政主管部门检查、考核监理工作的依据。

4. 监理资料是考核工程质量、安全、投资、进度等四方面成果的依据之一，具有及时性、真实性和可追溯性，必须及时、真实、完整。

5. 建设监理的主要方法是控制，控制的基础是信息，信息管理是建设监理工作的一个重要内容，信息管理工作的好坏，将直接影响到监理工作的成效。“三控、三管、一协调”中的信息管理，也是完成监理任务的主要方法和手段。

因此资料管理工作在监理部处于举足轻重的位置，监理资料的管理水平反映出整个监理机构的规范程度，称职的资料员是总监的得力助手与参谋，一定要重视、热爱这份工作，努力在实践中提高管理能力和水平。

### 4.1.2 资料管理工作的依据

1. 法律法规

《建筑法》、《安全生产法》、《建设工程质量管理条例》、《建设工程安全生产管理条例》等。

规范性文件：住房城乡建设部及省、市相关管理办法、政策规定。

2.《建设工程监理规范》。

3. 工程建设标准和技术规范

《建筑工程施工质量验收统一标准》GB/T 50300—2001，以及所有与建设工程相关的专业技术规范、规程、质量验收标准、标准图集等。

4. 建设工程勘察设计文件。

5. 建设工程监理合同和其他合同文件。建设工程合同协议书与以下文件一起构成的合同文件：(1) 中标通知书（如果有）；(2) 投标函及附录；(3) 专用合同条款及其附件；(4) 通用合同条款；(5) 技术标准和要求；(6) 图纸；(7) 已标价工程量清单或预算书；(8) 其他合同文件。

6.《建设工程文件归档整理规范》。

### 4.1.3 监理文件资料的管理要求

1. 项目监理机构应建立和完善监理文件资料管理制度，应设专人管理监理文件资料。

2. 应建立和执行监理资料、信息分类存放和编码体系。

3. 项目监理机构应及时、准确、完整地收集、整理、编制、传递监理文件资料。

4. 监理资料的存放应规范整齐，真实齐全，分类有序，查找方便，保存条件适宜。

5. 监理资料应及时分类汇总，按规定组卷，形成监理档案。

6. 工程监理单位应根据工程特点和有关规定，保存监理档案，并应向有关单位、部门移交需要存档的监理文件资料。

### 4.1.4 施工阶段的主要资料用表

1.《江苏省建设工程施工阶段监理现场用表（第五版）》(详见 4.2 节监理用表的使用方法与注意事项)。

2.《江苏省建筑工程施工质量验收资料》。

3.《江苏省项目监理机构工作评价标准》。

### 4.1.5 监理资料的分阶段编制与管理

1. 施工阶段资料管理

(1) 对相关技术规范、标准的相关资料的简介，主控项目和一般项目的区分。

(2)《建设工程施工质量验收统一标准》GB/T 50300—2013 需要掌握的主要内容有：材料、设备、构配件，未经验收合格的不得用于工程中；上一道工序验收不合格的不得进行下一道工序，这个规定也体现在质量管理条例中。

(3) 建筑工程施工质量验收应符合有关程序和条件，也就是所有建筑工程质量验收都必须具备的 10 条强制性标准，每个专业技术规范内所有黑体字为强制性标准可以在监理交底时指出。

(4) 工程质量验收：单位（子单位）工程质量验收合格要符合以下几点：

1）单位（子单位）工程所有分部（子分部）工程的质量均应收合格，符合设计和规范要求。

2）质量控制资料完整。

3）单位（子单位）工程所含分部工程有关安全和使用功能检测资料应完整，且检测合格。

4）主要功能项目的抽查结果应符合相关专业质量验收规范的规定。

5）观感质量验收应符合要求。

(5) 要了解和掌握建筑工程分部（子分部）工程、分项工程划分的方法和内容；检验批划分原则应根据工程的性质、规模和相关验收资料规定由总监和专业监理工程师出面，与总（分）包方的项目经理、技术负责人根据实际情况共同商定；要知道和了解土建与装饰、土建与安装、室内与室外工程的界面划分。

(6) 与统一验收标准中的资料管理规定配套的有 14 个专业工程质量验收规范：地基基础，砌筑，混凝土结构，钢结构，屋面，地下防水，建筑地面，建筑装饰，建筑给水排水，通风与空调，建筑电气，建筑电梯，智能建筑，消防，园林绿化规范。注意，这 14 个专业尚未包括基坑支护、土方工程、建筑幕墙、建筑节能等工程，在质量控制与验收，资料管理与整理时，要与相关分部如地基基础、装饰工程结合起来，综合各技术规范要求，进行资料的有效管理。如果是住宅工程，还要按分户验收的标准管理资料。

2.《建设工程文件归档整理规范》GB/T 50328 摘要讲解

(1) 工程文件的归档范围应符合规范附录 A 的要求，其中分阶段、保存单位和保管期限都有明确的规定。

(2) 归档文件的质量要求：应为原件，包括竣工图，不得用复印件，其深度应符合国家有关规范、标准和规程；其内容必须真实、准确，完整，符合工程实际；工程文件应字迹清楚、图样清晰、图表整洁、签字盖章手续完备。图纸应用蓝图，竣工图应是新蓝图。对竣工验收资料，资料员应弄清楚建设单位、施工单位、城建档案馆各有哪些资料归档，并知道各种原始文件的时效。

(3) 工程文件的立卷要求：

一个工程由多个单位工程组成时，工程文件应按单位工程组卷；组卷要求可按单位工程、分部工程、专业、阶段等组卷；竣工验收文件和竣工图可按单位工程、专业等组卷。

(4) 案卷的排列顺序和编目都有具体要求：

编号顺序一般不复杂的工程可按时间先后编自然数号；如资料量大的也可按日期顺序编号；目录式样宜符合本规范附录的要求。

（5）卷盒、卷夹与脊背：

卷盒的分类以公司统一制定的为准，可按照《江苏省项目监理机构工作评价标准》A～F表的内容顺序编目。

脊背式样宜符合附录的要求。

上面已经讲述了规范要求的一般编目方法，现按施工过程不同阶段再细述相关资料内容（与监理有关的）工程资料应随工程进度同步收集、整理，并及时存档和按规定移交、签收；从一开始就要建立收发文登记制度。

3. 施工准备阶段（开工前）的资料管理工作

现场监理组织机构首先应建立《信息资料管理制度》（见本节后附件），安排专人分工负责监理资料工作。

（1）工程地质勘察报告。

（2）地形测量或桩位、规划设计红线图或地方测绘部门的现场测绘成果报告。

（3）建设、施工、监理签发的控制轴线，水准点交底文件、移交记录（工程定位测量资料）。

（4）施工图及其说明、图纸会审、技术交底记录、审图文件。

（5）基槽开挖资料、场地自然标高测量记录。

（6）监理委托合同，施工承包合同。

（7）开工报告报审表，包括规划许可证、施工许可证。

（8）工程质量、安全监督交底记录。

（9）施工招标投标文件（包括预算中标价）。

（10）建设、监理、施工现场机构及人员名单。

（11）施工组织设计、首道工序施工方案、大型机械设备进场资料、材料、设备相关资料、特殊工种人员的姓名、上岗证一览表及有关证件，复印件应与原件核对并作记录；总、分包单位资质证书、营业执照、安全许可证，要注意有效期。

（12）监理规划、监理细则、总监任命书。

（13）工程测量仪器名称、规格、型号一览表，同时注意施工单位、监理机构的测量仪器，都要有记录和清单，同时有年检证明。

（14）资料管理的交底内容：

1）施工过程验收程序及建筑工程分部（子分部）工程分项工程划分标准。

2）明确各类报表的格式填写要求和报验时间，例如监理工程师通知单，有回复时间要求的要按时间回复等。

3）明确材料报验制度，材料见证取样送检制度、材料三证及进场报审表。

4）隐蔽工程检查验收制度，工序报验必须在自检评定的基础上，施工方报验后，监理与施工方再共同检查复验并签认。

5）旁站记录的管理等。

4. 施工过程中的资料管理工作

施工过程必须按照监理用表和施工质量验收用表，抓好每一个环节的资料处理，资料的签字必须有相应上岗资质的人签认方可生效。

资料员对施工单位报来的表格，首先要审查其填写是否规范，编审程序是否符合要求，否则就应退回去，并说明原因，让其重新填写符合要求后再报。也就是说要能发现问题，解决问题。资料员在资料报审上要把好第一道关，专业监理工程师和总监分别把好第二道、第三道关。

资料管理的质量要求做到及时、真实、完整、有效，分类恰当，摆放整齐，查找方便。

资料管理员工作到位，还必须按要求做到：说到、做到、找到，及时掌握和了解资料存放部位，随时能展现出来。

例如某工程出了人员伤亡事故，我们要求资料员把监理通知单、停工通知单、备忘录、监理不同意支付工程质量保证金130万元付款的申请单准备好，既可避免监理责任，又体现出监理工作的规范、严谨。南京某工程的模板坍塌造成较大人员伤亡事故，事前监理并没有同意浇筑混凝土，事发后的第一时间施工方立即要求总监补签字，该总监为此付出刑事处罚的代价，可见资料管理的重要性。该签字的要及时签，不该签的就不能签。某基坑坍塌事故因为基坑施工时，建设单位尚未确定监理单位，便自行管理，事故发生后甲方代表多次要求监理签字，监理就是不签字，最后主管部门认定该事故责任与监理无关。

资料员要使资料管理做到及时、准确、完整，还要与见证取样员配合，熟悉和了解各种材料和工序验收的批量规定：如水泥进场送检，袋装不超过200t为一批。散装不超过500t为一批；混凝土浇筑试块取样每100m$^3$同配合比的混凝土，取样不得少于一次，连续浇筑1000m$^3$时，同一配合比的混凝土每200m$^3$不得少于一次、每一楼层同一配合比的混凝土试验报告不得少于一次；钻孔灌注桩不同直径的混凝土取样次数、钢筋焊接接头与机械连接接头取样次数都有区别，资料员要对规范的规定和施工工序过程搞清楚了才能把握好资料的收集、管理。当然，在这中间，专业监理工程师和总监应起主导作用，同时也要施工单位有力的配合，一般施工单位质检员兼资料员就比较容易管好。资料管理要分类清楚，摆放整齐、有序，便于查找。经常有这样的情况，上级检查时，部分质检表格的试验报告一时找不到，人家走了才发现。

资料管理还与监理的工作管理水平有关，其真实性、及时性、完整性还体现在：监理日记、旁站记录、验收报告、检测结果等资料要完全一致，千万不能自相矛盾。

5. 竣工验收期间的监理资料管理工作

根据监理规范要求，竣工验收前，施工单位要在自检合格、自行评定的基础上，申请竣工验收，监理部组织预验收。

预验收包括两个内容，一是验收资料是否符合要求，二是现场实体质量和使用功能以及检测结果是否符合要求。

资料员审查施工单位申报的汇总资料是否齐全，是否符合质监站、城建档案馆以及规范、合同要求，存在的问题要求施工单位限期整改补齐；总监和专业监理工程师除了与资料员共同审查报审资料外，还应对现场工程存在的问题包括资料上存在的问题发书面函要求施工单位整改，整改完毕复验合格后监理部提出工程质量评估报告。报建设单位审查，并告知建设单位可以组织竣工验收。

建设单位在此基础上组织有关各方进行竣工验收；对竣工验收中提出的问题要求施工单位继续整改，直至符合要求后总监会同参验各方签署竣工验收报告（证明）。

竣工验收后，施工单位编制出竣工图，报监理部，由专业监理工程师和总监审核后签字，具体要求见规范。

对工程施工过程中的各类设计变更文件和工程签证，资料员在审查签字手续是否齐全，作为质量验收和工程结算的依据。对施工保修阶段监理资料的管理也要按规范要求实施。

竣工验收后，要按合同约定，监理部要向建设单位移交监理档案资料，同时要向监理单位管理部门移交。要按照《建设工程文件归档整理规范》和监理单位的《监理单位工程竣工验收资料整理指南》以及《工程建设项目监理竣工移交清单》，整理好资料，办好移交手续。监理单位自行保存的监理档案保存期，按规范要求分别为永久、长期、短期三种，应按规定在工程竣工后及时整理上交。

资料管理，还应与监理单位对监理部考核检查标准、企业质量管理体系结合起来，与省、市监理评优标准结合起来，在实际工作中不断找差距，持续改进，才能圆满完成任务。

### 4.1.6 资料管理工作的方法与技巧

1. 资料管理工作是一项十分重要的基础工作，不但需要以监理部自身规范管理工作为依据，而且要有建设单位、施工单位、设计单位、分包单位、材料、设备供货单位的多方面支持才能完成。因此资料员要依靠总监和专业监理工程师，有情况及时汇报，主动取得他们的领导和支持，必要时请他们出面沟通与协调。

2. 要做好资料工作，还要具有一定的文档管理知识及文字处理能力。各种监理文件的编写打印，要具备熟练掌握计算机应用技术的能力方能胜任工作。监理资料除文字资料外，还包括图表和音像制品。

3. 监理员要有一定的组织协调能力和沟通技巧，要善于与不同单位、不同部门及不同专业人员交往协调，要有一定的组织协调艺术，语言沟通能力，使资料管理的各个环节都能有机地衔接。

4. 要使资料管理工作及时、准确、真实、规范、有序、完整，必须有科学严谨、认真负责的工作态度和踏实细致的工作作风。监理部有一个好的资料员，将使总监有更多的精力对外组织协调，重点抓好质量、安全的监控。

5. 监理资料是在日常工作中通过监理部所有成员的工作逐步积累起来的，无论是监理部内部涉及资料工作的安排，还是与外界的联系，当有可能遇到或者已经遇到困难时，资料员要及时向总监汇报，总监会出面协调，因为总监的权力和职责要比资料员大得多。总监应经常对资料工作进行交底、指导、帮助、检查。监理资料工作的好坏，直接反映出监理部工作的成效，因此总监和监理部所有成员都应当支持资料员工作，有时资料员还要提醒总监和专业监理工程师，及时处理悬而未决的问题。资料员要熟悉和了解不同项目的业主和承包商对资料管理的认知程度、管理方式与水平，主动向他们宣传规范资料管理的意义，争取他们主动配合我们做好工作。

6. 资料管理工作，只要认真学习，勇于实践，虚心请教，不断总结，每一位监理人员都能尽快胜任，并且在实践中得到不断提高，在“三控、三管、一协调”中充分发挥作用。

## 附件：现场监理机构《信息资料管理制度》（参考文本）

### 信息资料管理制度

根据有关规定，本现场监理机构特制定《信息资料管理制度》，设专人管理监理文件（含影像资料）、资料，具体规定如下：

1. 项目监理部应当及时、准确、完整地收集、整理、编制、传递、登记、归档各类监理文件资料。

2. 监理部对信息资料的管理实行分工负责制。总监组织编制监理规划、编写监理月报、监理工作总结、组织编制监理文件资料，审批监理实施细则；专业监理工程师参与编制监理规划，负责编写监理实施细则，审查施工单位提交的涉及本专业的报审文件，填写监理日记，参与编写监理月报，收集、汇总、参与整理监理文件资料；资料员负责收发文件登记，各类监理资料文件（包括资料验收记录）的分类归档整理，并建立台账。

3. 采用计算机技术进行监理文件资料管理，充分运用监理单位建立的信息门户网站，通过信息平台实施网络管理，实现监理文件资料的分类汇总。

4. 监理资料应按照《江苏省建设工程监理用表（第五版）》和《江苏省项目监理机构工作评价标准》的要求，建立编码体系并编号。

5. 建立监理资料归档制度

（1）监理部设专（兼）职资料员，负责监理资料的收、发登记、分类、组卷、归档工作。

（2）根据工程进展的不同阶段，参照有关标准和监理单位的监理文件资料管理规定，制定统一的分类组卷盒签。

（3）资料盒分类原则要做到及时处理、及时整理、及时归档，要力求真实齐全、分类有序、查找方便，存放条件适宜。

（4）对监理资料的使用、签认应准确，审批及时，报审、审批等签认日期应符合时间逻辑。

（5）材料报验资料、见证取样台账应按专业、按材料类别分别归档。

（6）材料验收、工序验收资料应随工程进展及时处理，处理程序完成后方可归档。

（7）归档内容和组卷方式应符合有关规定。

6. 监理日记应能详细反映监理工作情况，重要的信息（如当日发生的大事、监理签发的重要文件）不能漏记；监理日志中反映的问题应真实、有效。监理日志与其他文件（如旁站记录、验收记录、会议纪要等）的内容应当吻合，不得自相矛盾。监理日志应及时记录，总监（总代）应每天及时签字。监理日记中反映的问题应闭合。

7. 监理月报应当按要求认真编写由总监签字后及时报送有关单位。

8. 监理项目完成后，应当按《建设工程文件归档整理规范》和监理公司的《竣工验收资料整理指南》，由总监负责主持整理、审查工程监理资料，根据工程特点及时向建设单位办理工程监理资料移交手续，同时向公司上交工程监理归档资料。

以上管理制度，必须认真执行。

## 4.2 监理用表的使用方法与注意事项

本节内容系以《江苏省建设工程监理现场用表（第五版）》（江苏省住房和城乡建设厅监制，2014年2月，以下简称《监理现场用表》）为基准，在原该省2008年监理用表（第四版）五年使用经验的基础上，结合该表的“使用须知”与“使用说明”，详细解读“使用方法与注意事项”，对在施工阶段现场项目监理机构有一定的参考和实用价值。

《监理现场用表》是规范施工现场各方行为的纽带，是建设工程施工阶段各方行为的真实记录，正确运用监理用表对于提高施工过程项目管理水平，提高对工程项目目标的执行力是十分必要的。监理组织机构在第一次工地会议上，应把规范《监理现场用表》的使用要求作为向有关各方交底的内容之一。在施工过程中，有关各方均不得以任何理由拒绝签收对方发送的《监理现场用表》，如对发送的表内内容有不同意见，应及时以书面方式告知对方。

在填写第五版用表时，一定要注意表中签收时间与签字日期的区别。施工与监理签收的时间计算至×时×分，可精确到10分钟。

《监理现场用表》使用说明及注意事项的编制依据是：

1. 工程建设法律、法规。
2. 《建设工程监理规范》GB/T 50319—2013。
3. 《江苏省建设工程施工阶段监理现场用表（第五版）》2014年2月。
4. 《江苏省项目监理机构工作评价标准》。
5. 相关单位工程监理实践经验。

在实际工作中，除应按照第五版用表中的使用须知与各类表式使用说明填写外，还可参考本节各类表式后面的“使用说明与注意事项”，在监理工作实践中，结合相关规定，准确、灵活地运用。

# 江苏省建设工程

## 监理现场用表

## （第五版）

江苏省住房和城乡建设厅监制

2014 年 2 月

# 江苏省建设工程监理现场用表

## (第五版)

### 一、使用须知

1.《江苏省建设工程监理现场用表(第五版)》(以下简称《监理现场用表》)是江苏省住房和城乡建设厅根据《中华人民共和国建筑法》、《建设工程质量管理条例》、《建设工程安全生产管理条例》、《建设工程监理规范》GB/T 50319—2013 等法律法规和相关标准规范,结合工程实际,在《江苏省建设工程施工阶段监理现场用表(第四版)》的基础上制定的。自 2014 年 3 月 1 日起与《建设工程监理规范》GB/T 50319—2013 同步实施。凡在江苏省境内依法必须实行监理的建设工程,均必须使用本《监理现场用表》,并作为工程竣工验收的依据;其他建设工程,可依据建设单位委托监理的范围和工作内容选用本《监理现场用表》。

2.《监理现场用表》表式分为 A、B、C 三类。A 类表为工程监理单位用表,由工程监理单位或项目监理机构签发;B 类表为施工单位报审、报验用表,由施工单位或施工项目经理部填写后报送项目监理机构、工程建设相关方;C 类表为通用表,是工程建设相关方工作联系的通用表。

未纳入施工总承包管理的施工单位的报审事宜直接向项目监理机构报审,分包单位的报审事宜一律通过施工总承包单位向项目监理机构报审。

3. 各类表的签发、报送、回复应依照合同文件、法律法规、标准规范等规定的程序和时限进行。工程项目任一参建方不得拒绝收、签其他参建方报、送的表式和文件,有不同意见的可用其他表式、文件回复本单位的观点。各方处理报、审的时限应在表式提示的时间内完成,

如表式中没有时限提示或表式中提示的时限与已签订的《建设工程施工合同》不一致的,应在已签订的《建设工程施工合同》有关条款约定的时限内完成,否则视为认同。

4. 各类表式应按有关规定,不得使用易褪色的书写材料填写、打印。

5. 各类表式中“□”表示可选择项,以“√”表示被选中项;不要误认为“必须”项。

6. 填写各类现场用表应使用规范语言,计量单位,公历年、月、日。各类表中相关人员的签字栏均须由本人签署。由施工单位提供附件的,宜在附件上加盖骑缝章。

7. 各类表在实际使用中,应分类建立统一编码体系,各类表式的编号应连续,不得重号、跳号。

编码可分为:顺序编码、文字数字码、日期码等。一般可采用日期加文字加数字(自然序号)的编码方法:日期采用表式形成的年、月、日;文字采用汉语拼音字头,表示表式的类、项;数字码可视工程规模形成表式总份数的多少,确定采用 2 位码或 3 位码

(01、02 或 001、002……)。编码要有利于资料的归档整理、查找和检索及信息化管理。

8.《监理现场用表》各表式的编号中，凡“—”前有空白格，应填写所报审（验）选项的数码代号，当报审（验）的内容不在列出的选项中时，可在预留的“□”后自行填加，数码代号顺延。“—”号后的编码可按本须知第 7 条提供的方法选用。

9. 各类表式中施工项目经理部用章和项目经理执业印章的样章应在项目监理机构和建设单位备案；项目监理机构用章和总监理工程师执业印章的样章应在建设单位和施工单位备案。

10. 下列表式中，应由总监理工程师签字并加盖执业印章：

(1) A. 0. 4　监理实施细则。

(2) A. 0. 5　工程开工令。

(3) A. 0. 9　工程款支付证书。

(4) A. 0. 11　工程暂停令。

(5) A. 0. 12　工程复工令。

(6) B. 0. 1　施工组织设计/施工方案报审表。

(7) B. 0. 2　工程开工报审表。

(8) B. 2. 2　费用索赔报审表。

(9) B. 2. 3　工程款支付报审表。

(10) B. 3. 2　工程临时/最终延期报审表。

(11) B. 5. 2　工程复工报审表。

(12) B. 5. 3　单位工程竣工验收报审表。

上述表式中的 B 类表，尚须施工单位项目经理签字并加盖执业印章。

11. “A. 0. 1 总监理工程师任命书”和“A. 0. 16 监理工作总结”必须由工程监理单位法定代表人签字，并加盖工程监理单位公章。

“A. 0. 3 监理规划”和“A. 0. 15 工程质量评估报告”必须由工程监理单位技术负责人签字，并加盖工程监理单位公章。

12. “B. 0. 2 工程开工报审表”和“B. 5. 3 单位工程竣工验收报审表”必须由项目经理签字并加盖施工单位公章。

13. 对于各类表中所涉及的有关工程质量方面的附表，由于各行业、各部门的专业要求不同，各类工程的质量验收应按相关专业验收规范及相关表式的要求办理。如果没有相应的表式，工程开工前，项目监理机构与建设单位、施工单位根据工程特点、质量要求、竣工及归档组卷要求进行协商，制定工程质量验收相应表式。

## 二、各类表式

### A 类表

A. 0. 1　总监理工程师任命书

A. 0. 2　监理日志

A. 0. 3　监理规划

A. 0. 4　监理实施细则

A. 0. 5　工程开工令

A. 0. 6 旁站记录表（通用）
A. 0. 7 ______会议纪要
A. 0. 8 监理月报
A. 0. 9 工程款支付证书
A. 0. 10 监理通知单（ 类）
A. 0. 11 工程暂停令
A. 0. 12 工程复工令
A. 0. 13 监理备忘录
A. 0. 14 监理报告
A. 0. 15 工程质量评估报告
A. 0. 16 监理工作总结
A. 0. 17 工程监理资料移交单

**B类表**

B. 0. 1 施工组织设计/施工方案报审表
B. 0. 2 工程开工报审表
B. 0. 3 施工现场质量、安全生产管理体系报审表
B. 0. 4 分包单位资质报审表
B. 1. 1 施工试验室报审表
B. 1. 2 施工控制测量成果报验表
B. 1. 3 工程材料、构配件、设备报审表
B. 1. 4 工程质量报验表
B. 1. 5 混凝土浇筑报审表
B. 1. 6 分部（子分部）工程报验表
B. 2. 1 工程计量报审表
B. 2. 2 费用索赔报审表
B. 2. 3 工程款支付报审表
B. 3. 1 施工进度计划报审表
B. 3. 2 工程临时/最终延期报审表
B. 4. 1 施工起重机械设备安装/使用/拆卸报审表
B. 5. 1 监理通知回复单（ 类）
B. 5. 2 工程复工报审表
B. 5. 3 单位工程竣工验收报审表
B. 5. 4 施工单位通用报审表

**C类表**

C. 0. 1 工程联系单
C. 0. 2 工程变更单
C. 0. 3 索赔意向通知书

## 三、各类表式使用说明

### A类表表式说明

**A.0.1　总监理工程师任命书**

《建设工程监理合同》签订后，工程监理单位法定代表人根据监理合同的约定，任命项目总监理工程师，负责履行《建设工程监理合同》、主持项目监理机构工作。工程监理单位应将对总监理工程师的任命以及相应的授权范围书面通知建设单位，并抄送施工单位。本表应附总监理工程师执业证书复印件及印章和项目监理机构用章的样章。

**A.0.2　监理日志**

监理日志是项目监理机构对当天气候及现场情况、监理工作及施工进展情况所做的记录。

1. 记录当日监理的主要工作内容及有关事项：

（1）施工现场巡查、旁站、见证取样、平行检验监理情况（包括口头通知、协调等）。

（2）各种工序验收情况（包括测量放线等）。

（3）除工序以外的施工单位各种报验报审情况（如混凝土浇筑报审、工程材料/构配件/设备报验、施工起重机械安装/使用/拆卸报审、施工方案报审、分包单位资质报审、进度报审、工程费用报审等各种报审）。

（4）安全生产管理的监理工作（专项方案与安全技术措施审核、现场安全生产状况及纠违措施等）。

（5）召开的各种会议（注明详情见会议纪要）。

（6）异常事件的发生及处理情况（如质量安全事故、停复工、索赔等）。

（7）其他应记录的主要工作事项。

2. 日志记录的各事项的处理须闭合。记录内容较多可添置附页（可在表格的背面）。

3. 大中型项目宜分标段（或片区）、分专业填写，具体划分范围由总监理工程师决定。

4. 监理日志由总监理工程师指定专业监理工程师组织编写。

5. 监理日志应及时填写，并保持原始记录的真实性。

**A.0.3　监理规划**

监理规划是监理机构全面开展建设工程监理工作的指导性文件，可在签订监理合同及收到设计文件后，由总监理工程师依据已掌握的工程信息，组织项目监理机构编制，并应在第一次工地会议前报送建设单位。监理规划的内容、审核等均应符合《建设工程监理规范》GB/T 50319—2013第4.2条的规定，并应具有针对性和时效性。

**A.0.4　监理实施细则**

对于专业性较强、具有一定难度或危险性较大的分部分项工程，项目监理机构应编制监理实施细则。监理实施细则的内容、编制、审核等均应符合《建设工程监理规范》GB/T 50319—2013第4.3条的规定。监理实施细则编制的时间应在施工方案审批通过后，相应的分部、分项工程施工开始前完成。

**A.0.5　工程开工令**

建设单位对《工程开工报审表》签署同意开工意见、且工程施工许可手续均已办妥后，总监理工程师可签发《工程开工令》。工期自《工程开工令》中载明的开工日期起算。

基于《建设工程监理规范》GB/T 50319—2013 规定，工程开工应由建设单位批准。由此，开工令亦可由建设单位签发，但必须在签订监理合同时在专用条件中或在开工前监理单位与建设单位予以书面约定。

工程建设中，任何一方发生了违法开工的行为，项目监理机构宜视具体情况，采用工程联系单、监理备忘录、工程暂停令、监理报告予以提醒或制止。

**A.0.6 旁站记录表（通用）**

本表适用于监理人员对关键部位、关键工序的施工过程进行现场跟踪监督活动的实时记录。本表为旁站记录的通用表式，在工程实施过程中，项目监理机构可根据不同的旁站对象，设计有针对性、可操作的旁站记录表式。旁站人员应将旁站部位的施工和监理工作情况、发现问题及处理情况作详细记录。施工情况包括施工单位质检人员到岗情况、特殊工种人员持证情况以及施工机械、材料准备及关键部位、关键工序的施工是否按施工方案及工程建设强制性标准执行等情况。

**A.0.7 ________会议纪要**

本表适用于第一次工地会议（A.0.70）、工地监理例会（A.0.71）、专题会议（A.0.72）和项目监理机构内部会议（A.0.73）的参加单位、人员与会时签名用。会议主要内容及结论写在附页上。

**A.0.8 监理月报**

监理月报是项目监理机构按月向建设单位和监理企业提交的，反映在本报告期内工程实际情况、监理工作情况、施工中存在问题及处理情况、下月监理工作重点等的书面报告。监理月报每月月底提交，报告期宜为上月 26 日至本月 25 日。项目监理机构可根据工程规模与特点增加图表、图片等内容，如表格各栏不够填写，可增加附页。

**A.0.9 工程款支付证书**

本表适用于项目监理机构收到经建设单位签署审批的《工程款支付报审表》后，根据建设单位审批意见签发本表作为工程款支付的证明文件。支付证书应明确施工单位申报款、经审批的应得款、本期应扣款、本期应付款等数额。签发《工程款支付证书》应符合《建设工程施工合同》中所约定的时限。

**A.0.10 监理通知单（　　类）**

本表是项目监理机构通知施工单位应执行的、除工程暂停以外的涉及质量、造价、进度、安全文明、工程变更和其他有关事项的用表。监理通知单中应明确施工单位应执行事项的内容和完成的时限以及要求施工单位书面回复的时限。

该表使用频率高，应注意用词准确明晰，逻辑严密，资料闭合。

**A.0.11 工程暂停令**

本表是总监理工程师对施工单位下达工程暂停指令的用表。项目监理机构发现下列情况之一时，总监理工程师应及时签发工程暂停令：

1. 建设单位要求暂停施工且工程需要暂停施工的。
2. 施工单位未经批准擅自施工或拒绝项目监理机构管理的。
3. 施工单位未按审查通过的工程设计文件施工的。
4. 施工单位违反工程建设强制性标准的。
5. 施工存在重大质量、安全事故隐患或发生质量、安全事故的。

6. 发生必须暂停施工的紧急事件时。

签发工程暂停令应注明暂停部位及范围。一般情况下，签发工程暂停令应事先与建设单位沟通，征得建设单位同意。在紧急情况下未能事先报告时，应在事后及时向建设单位作出书面报告；如监理机构未及时下达暂停施工指示的，施工单位可先暂停施工，并及时通知监理机构，监理机构应在接到通知后 24h 内发出指示。如监理机构与建设单位沟通工程暂停事宜时，建设单位不同意停工，监理机构认为必须停工的，仍应签发《工程暂停令》；如工程仍未停工，监理机构应向建设单位发工程联系单或监理备忘录，必要时向主管部门报送《监理报告》。

工程暂停期间监理机构应按《建设工程监理规范》的规定和《建设工程施工合同（示范文本)》的约定，会同建设单位、施工单位处理好因工程暂停引起的各类问题，确定工程复工条件。

**A. 0. 12　工程复工令**

本表是暂停施工原因消失、具备复工条件，项目监理机构通知施工单位恢复施工的用表。工程复工令签发前，应征得建设单位同意。如因施工单位原因引起工程暂停的，施工单位在复工前应使用《工程复工报审表》申请复工；项目监理机构应对施工单位的整改过程、结果进行检查、验收，符合要求的，对施工单位的《工程复工报审表》予以签认，并报建设单位；建设单位审批同意后，项目监理机构应及时签发本表指令施工单位复工。

**A. 0. 13　监理备忘录**

本表为项目监理机构就有关建议未被建设单位采纳或监理通知单的应执行事项施工单位未予执行、已成事实且造成一定的或可预见的后果时的最终书面说明。备忘录应及时向监理单位报告，也可抄报有关上级主管部门。

**A. 0. 14　监理报告**

当项目监理机构发现工程施工中存在安全事故隐患，已要求施工单位整改、停工，而施工单位拒不执行时，项目监理机构可使用该表向有关主管部门报告，主管部门不得拒绝接收。情况紧急时，监理机构可在第一时间通过电信手段向有关主管部门报告，随后报送书面报告。“监理报告”应附相关监理通知单、工程暂停令等文件资料。

**A. 0. 15　工程质量评估报告**

本表是由项目监理机构依据有关法律法规、工程建设强制性标准、设计文件及施工合同对单位工程或子单位工程质量进行评估时用表。

项目监理机构应审查施工单位报送的竣工资料并组织有关单位对工程质量进行预验收，施工单位对预验收中发现的问题整改完成并经监理验收合格后，项目监理机构编制工程质量评估报告。报告应包括以下内容：

1. 工程概况。

2. 竣工预验收情况（验收内容及符合情况)。

3. 竣工预验收的监理结论。

一般还应有以下附件：

附件（一)：单位（子单位）工程质量控制资料监理核查记录表。

附件（二)：单位（子单位）工程有关安全和功能检验资料、主要功能项目的抽查结果及监理检查记录汇总表。

附件（三）：单位（子单位）工程观感质量监理检查记录。

附件（四）：监理抽检/见证试验情况汇总及说明。

附件（五）：竣工预验收小组成员名单及分工表。

工程质量评估报告应经监理单位技术负责人审批同意。

对于重要的分部（子分部）工程，项目监理机构亦应及时编制相应工程的质量评估报告。工程质量评估报告的内容可参照现行国家标准《建筑工程施工质量验收统一标准》GB/T 50300—2013 中的相关条款编写。

**A.0.16　监理工作总结**

监理工作总结是监理单位完成监理合同约定的全部工作后，由监理单位向建设单位提交的工作总结。其主要内容包括：工程概况，监理组织机构，监理人员和投入的监理设施，监理合同履行情况，监理工作成效，施工过程中出现的问题及处理情况，监理单位的说明和建议，工程影像资料（如有）等。

监理工作总结应经监理单位法定代表人审批同意。

**A.0.17　工程监理资料移交单**

工程竣工验收后，监理单位应及时将工程监理资料整理后向建设单位移交，并办理工程监理移交手续，本表是工程监理资料移交专用表格。

**B　类表表式说明**

**B.0.1　施工组织设计/施工方案报审表**

本表是施工单位向项目监理机构报审施工组织设计或施工方案的用表。施工组织设计包括总包单位和分包单位编制的施工组织设计；施工方案包括两种情况，一是一般的施工方案，二是危险性较大的分部分项工程安全专项施工方案；危险性较大的分部分项工程又按照建质［2009］87 号文的规定，划分为危险性较大的分部分项工程和超过一定规模的危险性较大的分部分项工程。施工组织设计和危险性较大的分部分工程的安全专项施工方案应由本单位的技术、质量、安全等相关职能部门审查会签，并经单位的技术负责人审批，且签字盖章齐全。对超过一定规模的危险性较大的分部分项工程的安全专项施工方案，应当由施工单位组织召开专家论证会；施工单位应根据论证意见修改完善专项方案，并经施工单位技术负责人、项目总监理工程师、建设单位项目负责人签字后，方可组织实施。对重点部位、特殊工程，施工单位应按照项目监理机构的要求编制施工方案并报审。分包单位编制的分包工程施工组织设计或（专项）施工方案，均应由施工总承包单位按规定完成相关审批手续后报项目监理机构审核。项目监理机构审批时，先由各专业监理工程师提出审查意见，然后由总监理工程师签署审核意见。

**B.0.2　工程开工报审表**

本表是施工单位按合同约定完成工程开工准备工作，工程现场符合开工条件后，向项目监理机构申请工程开工的用表。分包工程的开工申请手续也由施工总承包单位使用本表办理报批手续。如整个项目为一个施工单位承担，只填报一次；如项目涉及多个单位工程，建设单位分别发包，则每个单位工程开工都应填报一次。项目监理机构应根据工程施工合同的约定和相关开工条件，按照表中的内容检查各项准备工作是否满足开工条件。施工单位各项准备工作满足开工条件的，监理机构可在“施工单位的施工准备工作已满足开工要求”的框内打“√”，有其他审核意见的可在审核意见栏内填写。工程开工日期一般应为工程施工合同中约定的开工日期，如施工单位报的开工日期与工程施工合同中的开工日期不一致，总监理工程师应与建设单位协商取得一致意见后签署监理审核意见。

**B.0.3　施工现场质量、安全生产管理体系报审表**

本表是施工单位（含由建设单位发包而未纳入施工总承包管理的施工单位）向项目监理机构报审施工现场质量、安全生产管理体系资料的专项用表。项目监理机构应认真审核施工单位的质量、安全生产管理体系，应从施工单位的资质证书、安全生产许可证、项目经理部质量和安全生产管理组织机构、岗位职责分工、质量安全管理制度（如质量检查制度、质量教育培训制度、安全生产责任制度、治安保卫制度、安全生产教育培训制度、质量安全事故处理制度、工程起重机械设备管理制度、重大危险源识别控制制度、安全事故应急救援预案等）、安全文明措施费使用计划、质量安全人员证书（项目经理、项目技术负责人、质检员、专职安全员、特种作业人员资格证等）等方面进行审查。特种作业人员特种作业操作资格证的备案审核应动态管理。安全文明措施费使用计划可用B.5.4施工单位通用报审表报审。

**B.0.4　分包单位资质报审表**

本表是施工单位报请项目监理机构对分包单位的资质进行审查的用表。施工单位应提供的报审资料包括：分包单位的营业执照、企业资质等级证书、安全生产许可文件、专职管理人员（项目经理、质检员、专职安全员等）和特种作业人员的上岗资格证书、进场施工的机械设备情况、企业业绩等有关资料。另外，还应包括施工总承包单位对分包单位的管理制度等。

专业分包单位的“分包单位资质报审表”应经建设单位审批同意。

**B.1.1　施工试验室报审表**

本表是施工单位报请项目监理机构对施工单位在现场设立试验室的情况进行审查的用表。分两种情况：一是某些专业工程要求施工单位必须在施工现场设立试验室的，施工单位应该报审的资料为：企业试验室的资质证书、试验室管理制度、计划在工地现场做试验的项目清单、现场配备的试验人员（附试验人员岗位证书），工地现场配备的试验设备清单和法定计量部门对试验计量设备、器具出具的计量检定证明或校准的证明文件等；二是施工单位在现场设立的混凝土、砂浆试件的标准养护室，应报审的资料为：标准养护室的管理制度及标准养护的保证条件等。

**B.1.2　施工控制测量成果报验表**

本表是施工单位报请项目监理机构对施工控制测量成果及保护措施进行审查的用表。报审的资料应包括：施工单位测量人员的资格证书、测量设备的清单及检定或校准的证明文件；施工平面控制网、高程控制网、临时水准点、规划红线、基点等测量控制依据资料、控制测量成果表及附图，对现场加密的应提供桩位布置图，以及相应的保护措施等。

专业监理工程师应按标准规范有关要求，对控制网布设、测点保护、仪器精度、观测规范、记录清晰等方面进行检查、审核，意见栏应填写是否符合技术规范、设计等的具体要求，重点应进行必要的内业及外业复核，复核资料作为附件留档。

**B.1.3　工程材料、构配件、设备报审表**

本表为施工单位向项目监理机构报验工程用的材料、构配件、设备进场使用的用表。

材料/构配件/设备的清单是指：材料/构配件/设备的名称、型号、规格、数量等。

质量证明文件是指：生产单位提供的合格证、质量证明书、性能检测报告等证明资料。进口材料/构配件/设备应有商检的证明文件；新材料、新设备应有相应资质机构的技术鉴定文件（鉴定书中注明的产品应用范围、产品质量的企业标准等）。如无证明文件原件，需提供复印件并加盖证明文件提供单位的公章。

自检结果是指：施工单位对所购材料/构配件/设备清单、质量证明资料核对后，对材料/构配件/设备实物及外部观感、质量进行验收核实的自检结果。

建设单位供应的材料/构配件/设备，按施工合同的约定，由施工单位清点、接收和报验。

进口材料/构配件/设备按合同约定，由建设单位、施工单位、供货单位、项目监理机构及其他有关单位进行联合检查，检查情况及结果应形成记录，并由各方代表签字认可。

专业监理工程师应审查施工单位报审资料的有效性和符合情况。对于涉及主体结构安全、重要使用功能的材料/构配件应采取见证取样复试，视复试结果签发审查意见（特殊情况除外）。

**B.1.4 工程质量报验表**

本表一般为施工单位报请项目监理机构对隐蔽工程、检验批、分项工程和测量放线的质量进行验收的用表。施工单位需经自检合格并附相应工序和部位的质量检查记录表后，向项目监理机构报验。项目监理机构应审核报验资料的有效性，可通过平行检验、旁站、见证和加大巡视频率等方法来验证，并将相关检查（佐证）记录保留存档。当工程质量不符合要求时，应参照《建筑工程施工质量验收统一标准》GB/T 50300 第 5.0.6 条和 5.0.7 条执行。凡验收不合格的，不得进入下道工序施工。

有分包单位的，分包单位的报验资料应由施工总承包单位验收合格后向项目监理机构报验。

**B.1.5 混凝土浇筑报审表**

本表是某部位混凝土浇筑前的准备工作已就绪，相关的土建、安装工序均已验收合格，在计划浇筑混凝土前向项目监理机构报审用表。项目监理机构应检查将要隐蔽的所有工序报验是否均已验收合格；模板支承是否牢固安全并按施工方案搭设；特殊混凝土的施工方案有否审核通过；使用预拌（商品）混凝土的，施工单位应提前 14～45d 将预拌（商品）混凝土生产单位的资质、混凝土质量保证资料（混凝土配合比及试配检验报告等）报项目监理机构审核、备案。

**B.1.6 分部（子分部）工程报验表**

本表是施工单位在完成分部（子分部）工程的施工，自检合格并整理完成相应质量控制资料后报送项目监理机构进行分部（子分部）验收的用表。施工单位应提前 48h 通知项目监理机构验收。分部（子分部）工程质量验收合格应符合下列条件：

1. 分部（子分部）工程所含分项工程的质量均应验收合格。

2. 质量控制资料应完整。

3. 地基与基础、主体结构和设备安装等分部工程有关安全及功能的检验和抽样检测结果应符合有关规定。

4. 观感质量验收应符合要求。

**B. 2. 1　工程计量报审表**

本表是施工单位报请项目监理机构对已完成的合格工程进行计量审核的用表。除施工合同专用合同条款另有约定外，工程量的计量按月进行，施工单位宜每月 25 日向项目监理机构报送上月 20 日至本月 19 日已完成的工程量报审表，并附相关工程变更通知、计算书等证明资料。项目监理机构按照合同约定的工程量计算规则、图纸及变更指示等进行计量，不合格工程不予计量。对工程量有异议的，有权要求施工单位提供补充计量资料和共同复核或抽样复测。项目监理机构应在收到《工程计量报审表》的 7d 内完成审核工作予以回复。

**B. 2. 2　费用索赔报审表**

本表是施工单位报请项目监理机构审核工程费用索赔事项的用表。项目监理机构应根据施工合同的约定，在与建设单位协商后，签署监理审核意见。证明材料包括：索赔意向书、索赔事项的相关证明材料等。项目监理机构应在收到索赔报告后 14d 内完成审核并报建设单位。建设单位应在项目监理机构收到索赔报告或有关索赔的进一步证明材料后的 28d 内，由项目监理机构向施工单位出具经建设单位签认的索赔处理结果。

**B. 2. 3　工程款支付报审表**

本表是施工单位工程预付款、工程进度款、竣工结算款、工程变更费用、索赔费用的支付申请。

工程进度款除施工合同专用合同条款另有约定外，按月结算，进度款申请表应包括下列内容：

1. 截至本次付款周期已完成工作对应的金额。

2. 应增加和扣减的变更金额。

3. 约定应支付的预付款和扣减的返还预付款。

4. 约定应扣减的质量保证金。

5. 应增加和扣减的索赔金额。

6. 对已签发的进度款支付证书中出现错误的修正，应在本次进度款中支付或扣除的金额。

7. 根据施工合同约定应增加和扣减的其他金额。

项目监理机构应按施工合同的约定计算施工单位应得款项，扣除应扣款，确定应付款金额，在收到进度款支付报审表及相关资料后的 7d 内完成审核工作并报建设单位。建设单位应在收到进度付款报审表或有关付款申请的进一步指明材料后 14d 内，完成审批工作并由项目监理机构签发进度款支付证书。

**B. 3. 1　施工进度计划报审表**

本表是施工单位向项目监理机构报审工程总进度计划、月进度计划和其他阶段性进度计划及相关措施的用表。项目监理机构应按表中所列附件内容，要求施工单位提交有关资料，如材料设备供应计划、劳动力使用计划、施工机械使用计划等。项目监理机构应审查下列基本内容：

1. 施工进度计划应符合施工合同中约定的工期。

2. 施工进度计划中主要施工项目无遗漏，应满足分批投入试运、分批动用的需要，阶段性施工进度计划应满足总进度控制目标的要求。

3. 施工顺序的安排符合施工工艺要求。

4. 施工人员、工程材料、施工机械等资源供应计划应满足施工进度计划的需要。

5. 施工进度计划应符合建设单位提供的资金、施工图纸、施工场地、物资等施工条件。

施工单位应按施工合同约定的日期（一般提前7d），将总进度计划向项目监理机构报审，项目监理机构应按合同约定的时间（开工前7d）予以确认或提出修改意见。

**B.3.2 工程临时/最终延期报审表**

本表是施工单位依据施工合同约定，发生非施工单位原因造成的持续性影响工期事件时向项目监理机构就临时延长合同工期、最终延长合同工期提出申请的用表。造成工程延期的非施工单位原因有：

1. 建设单位未能按施工合同约定提供图纸或提供的图纸不符合合同约定。

2. 建设单位提供的测量基准点、基准线和水准点及其书面资料存在错误或疏漏。

3. 建设单位未能按施工合同规定提供施工场地、施工条件、基础资料、许可、批准等开工条件。

4. 建设单位未能在计划开工日期之日起7d内批复开工报审或下达开工通知。

5. 建设单位未能按施工合同约定日期支付工程预付款、进度款或竣工结算款。

6. 项目监理机构未按合同约定发出指示、核准等文件。

7. 发生不可抗力事件。

8. 施工合同专用合同条款中约定的其他情形。

施工单位在报审时应附工程延期的依据、工期计算、申请延长竣工日期的证明资料。项目监理机构应按照有关标准规范的规定和施工合同的约定，对报审表进行审查，并与建设单位、施工单位协商后提出工程延长工期天数的审核意见，报建设单位审批。如不同意延期的，应说明理由。施工单位须在施工合同约定的期限内提出工程延期的申请，项目监理机构、建设单位亦应在施工合同约定的期限内予以回复审核、提出审批意见。

**B.4.1 施工起重机械设备安装/使用/拆卸报审表：**

本表是施工单位向项目监理机构报审用于本工程施工起重机械设备（塔吊、附墙电梯、整体提升式脚手架、滑模等自升式架设设施等）安装/使用/拆卸的专项用表。按建设部《关于落实工程安全生产监理责任的若干意见》（建市［2006］248号）和《建筑起重机械安全监督管理规定》（建设部166号令）中的有关规定，要求监理单位加强核查工程起重机械设备、整体提升脚手架、模板等自升式架设设施和安全设施的验收手续，核查设备的合格证，核查专业安装、拆卸单位的资质和人员的资格，审核设备安装、拆卸方案，核查第三方专业检测单位的资质、检测人员的资格和检测报告，核查由施工单位、安装单位、设备租赁单位、检测单位参加并签字盖章的验收合格证明，核查政府有关部门同意登记备案的证明，审查工程起重机械设备操作和维护保养制度，核查设备操作人员的上岗资格等。施工单位在施工起重机械设备安装前、安装完毕启用前、使用结束拆卸前三个时段应分别进行报审。施工单位每次报审应附本表中所列的附件资料，项目监理机构应对所附资料进行核实、审查和备案。

**B.5.1 监理通知回复单（　　类）**

本表是施工单位在收到“A.0.10 监理通知单”后，根据通知要求在规定时间内完成相关工作，自查符合要求后报请项目监理机构进行复查的用表。项目监理机构应及时核查、记录并签署复查意见。

**B.5.2　工程复工报审表**

本表是工程暂停后，当停工原因消失，施工单位准备恢复施工，向项目监理机构申请复工的用表。项目监理机构应及时予以核查、评估，提出审核意见报建设单位审批。

**B.5.3　单位工程竣工验收报审表**

本表是施工单位已按施工合同约定，完成设计文件所要求的施工内容，自检符合竣工验收条件后，向项目监理机构和建设单位提出竣工验收申请的用表。工程具备以下条件的，施工单位可以申请竣工验收：

1. 除建设单位同意的甩项工作和缺陷修补工作外，施工合同范围内的全部工程以及有关工作，包括合同要求的试验，试运行以及检验均已完成，并符合施工合同要求。

2. 已按施工合同约定编制了甩项工作和缺陷修补工作清单以及相应的施工计划。

3. 已按合同约定的内容和份数备齐竣工资料。

项目监理机构收到单位工程竣工验收报审表后，应及时组织相关参建单位进行工程竣工预验收。存在问题的，应要求施工单位及时整改；合格的，总监理工程师应在收到本报审表后14d内签认单位工程竣工验收报审表，报请建设单位组织竣工验收，或要求施工单位整改后重新报审。

**B.5.4　施工单位通用报审表**

本表是施工单位向项目监理机构报审B类表中其他表式所未能包括的事项的用表。

**C类表表式说明**

**C.0.1　工程联系单**

本表是项目监理机构与工程参建各方（包括建设、施工、监理、勘察设计等）相互之间的日常书面工作联系的用表。发文单位有权签发的负责人应为：建设单位的现场代表，施工单位的项目经理，监理单位的项目总监理工程师/总监理工程师代表，勘察设计单位的项目负责人及项目其他参建单位的相关负责人。

**C.0.2　工程变更单**

本表是工程变更提出单位就工程变更事宜向项目监理机构、施工单位、设计单位、建设单位提出工程变更申请的用表。本表由变更提出方填写，写明工程变更原因、工程变更内容，并附必要的附件，包括：工程变更依据、变更的详细内容、图纸；对工程质量标准、造价、工期的影响程度及对功能、安全影响的分析报告。经建设单位、施工单位、项目监理机构、设计单位共同协商达成一致意见后，由项目监理机构下达变更指令。涉及工程设计文件修改的工程变更，应由建设单位转交原设计单位修改工程设计文件；按规定需复审的（如涉及结构重大修改、建筑节能变更等），必须经原审图机构审查同意。

**C.0.3　索赔意向通知书**

本表是具有索赔意向的单位依据法律法规和合同向项目监理机构、相关索赔对象提出索赔意向的用表。有索赔意向的单位应该根据合同的约定在索赔事件发生的28d内提交索赔意向书，并附索赔事件的相关证据；在索赔事件影响结束后28d内提交最终索赔报告。索赔意向通知书宜明确以下内容：

1. 事件发生的时间和情况的简单描述。

2. 合同依据的条款和理由。
3. 有关后续资料的提供，包括及时记录和提供事件发展的动态。
4. 对工程成本和工期产生的不利影响及其严重程度的初步评估。
5. 声明/告知拟进行相关索赔的意向。

**总监理工程师任命书**　　**A. 0. 1**

工程名称：　　编号：A. 0. 1—______

| 建设单位签收人姓名及时间 | |
|---|---|
| 致：__________________（建设单位）<br>　　兹任命_________为我单位__________项目总监理工程师，负责履行《建设工程监理合同》、主持项目监理机构工作。<br><br>__________________总监理工程师的执业印章和项目监理机构用章的样章为：<br><br>附件：总监理工程师的执业证书<br><br>工程监理单位（章）：__________________<br>法定代表人（签字）：__________________<br>___年___月___日<br><br>抄送：施工单位 | |
| 注：本表一式三份，项目监理部、建设单位、施工单位各一份 | |

第五版表　　江苏省住房和城乡建设厅监制

使用说明：

A.0.1 表是在《建设工程监理合同》签订后，工程监理单位对总监理工程师的任命以及相应的授权范围书面通知建设单位。

注意事项：

1. 如果按规定得到建设单位同意后需要调换总监理工程师，应重新向建设单位办理总监任命手续。

2. 如需要设总监代表的，应及时办理总监代表委托书，经总监签字、监理单位法人批准、盖监理单位印章后报送建设单，同时抄送施工单位。

**监理日志（　）**　　　　A. 0. 2

日期：____年____月____日　　　　天气：________

星期：____　　　　气温：________

工程名称：

<table>
<tr><td>监理工作情况</td><td colspan="2"></td></tr>
<tr><td rowspan="2">施工情况</td><td>施工单位</td><td>施工内容及进度</td></tr>
<tr><td></td><td></td></tr>
<tr><td>其他事项</td><td colspan="2"></td></tr>
<tr><td colspan="2">本日现场监理人员</td><td></td></tr>
<tr><td colspan="2">记录人：</td><td>总监理工程师/总监理工程师代表（签字）：</td></tr>
</table>

第五版表　　　　江苏省住房和城乡建设厅监制

使用说明：

A.0.2 表是项目监理机构详细记录当天自然情况和主要工作（监理检查内容、发现问题、处理情况及当日大事等）的用表。大中型项目宜分专业或分标段（片区）填写，总监理工程师应每天签阅监理日志。监理日志可设置附页。主要内容包括：现场大事记（建设单位通知单/联系单、开工/暂停令、监理备忘录/通知单/联系单、监理例会/专题会/专家论证会、质量及安全事故处理）；工程质量控制（施工组织设计/施工方案审查、现场工程质量抽查及见证试验/设备开箱检验、检验批/分项工程/分部工程平行检查和验收、质量安全巡视检查情况、旁站监理、质量事故处理）；工程进度控制（施工进度评价及措施、施工人力/材料/主要设备投入、批准延长工期）；工程投资控制（工程变更、工程索赔/计量/单价或总价、工程款支付审批）；安全管理（安全施工方案和技术措施审核、安全状况及措施的监管）；如实反映施工现场情况。

注意事项：

监理日志是监理工作情况的真实记录之一，根据规范要求，应由专业监理工程师负责编写。

1. 每天监理做的工作和施工情况应摘要写上，内容要全面、简明扼要。

2. 反映的问题应当有处理结果（闭合）的记录。当天不能闭合的，在后边的日记中应能找到闭合记录。有关质量安全的问题应表达清楚。

3. 重要的信息不能漏记（如通知单、联系单、暂停令、开/复工令、业主指令等）。

4. 监理日志内容与其他监理表（如旁站记录、验收记录等）的内容应当一致。

5. 记录人要签字，总监（总监代表）应及时审签。

6. 监理日志的记录应认真、及时、准确能完整反映当天现场发生的重要事项，包括政府主管部门、建设单位、施工单位、监理单位上级领导部门到现场检查工作情况等，都应有所记录。

7. 记录监理日志的专业监理工程师应当收集当天现场其他监理人员的相关信息（包括个人工作笔记中的重要信息）。

8. 总监理工程师代表每天应及时查看监理日志，有不妥之处应及时指出并纠正，符合要求后方可签字。

A. 0. 3

______________________________工程

# 监 理 规 划

____年____月____日 至____年____月____日

内容提要：

工程概况

监理工作范围、内容、目标

监理工作依据

监理组织形式、人员配备及进退场计划、岗位职责

监理工作制度

工程质量控制

工程造价控制

工程进度控制

安全生产管理的监理工作

合同与信息管理

组织协调

监理工作设施

监 理 单 位（章）：__________________

总 监 理 工 程 师：__________________

监理单位技术负责人：__________________

日　　　　　　期：__________________

江苏省住房和城乡建设厅监制

使用说明：

1. 监理规划的编制应针对项目实际情况，明确项目监理工作的目标，确定具体的监理工作制度、方法和措施，并具有可操作性，应符合规范规定的内容。

2. 监理规划在签订监理合同及收到设计文件后开始编制，完成后应经监理单位技术负责人审核批准，并在第一次工地会议前报送建设单位。

3. 监理规划应由总监理工程师组织编制，专业监理工程师参加编写，其依据是法律、法规及项目审批文件；与建设工程有关的标准、设计文件、技术资料；监理大纲、委托监理合同以及与工程相关的合同文件。

4. 监理规划的主要内容除符合监理规范中的 12 个内容外，应按有关部门规定增加旁站监理方案、节能监理方案等。

注意事项：

1. 工程分阶段收到设计文件的工程项目，如果现场实际有较大变化（如桩基施工完成后工程主体结构图纸才出来，或者一个小区后续开工的单体建筑与已经开工的工程变化较大），监理机构应当修改监理规划，调整后的《监理规划》应重新按程序审批。

2. 监理规划的工作范围、内容、目标应与监理合同一致。监理工作内容应包括《建设工程监理合同（示范文本)》中 2.1.2 中的 22 项内容。

3. 大中型工程、技术特别复杂（四新技术的运用）的项目可以根据工程特点或招标文件要求，增加本工程重点、难点的监理方法和措施。

4. 关于安全的监理职责，应准确理解《建设工程监理规范》中，安全监理是对施工单位“安全生产管理的监理工作”，即对现场施工单位的施工安全生产管理进行（监理）监督管理，不是也不能代替施工单位的自身管理和应承担的责任与义务，这与有关法律、法规是一致的。

A.0.4

____________________________工程

# 监理实施细则

（　　　　）

内容提要：
专业工程特点
监理工作流程
监理工作要点
监理工作方法及措施

项目监理机构（章）：____________________
专业监理工程师：____________________
总监理工程师（签字、执业印章）：____________________
日　　期：____________________

江苏省住房和城乡建设厅监制

使用说明：

1. 应当知道哪些分项工程需要编制《监理实施细则》，监理规范对需要编制《监理实施细则》的分部分项工程做了明确规定：“对专业性较强、危险性较大的分部分项工程，项目监理机构应编制监理实施细则”。

2.《监理实施细则》应在相应分部分项工程施工前由专业监理工程师编制，经总监理工程师审核批准，作为监理工作的指导、实施意见。

3. 监理实施细则的编制依据主要有：《建设工程监理规范》，已经批准的《监理规划》；与专业工程相关的设计文件、技术标准和规范；已经批准的施工组织设计，或专项施工方案。

4.《监理实施细则》的主要内容：(1) 专业工程特点；(2) 监理工作流程；(3) 监理工作要点；(4) 监理工作方法及措施。

注意事项：

1.《监理实施细则》重点要结合工程实际，针对性要强。在监理工作实施过程中，可根据实际情况修改补充，经总监批准后实施。

2. 切记不要把《监理实施细则》误编成施工方案/施工技术交底的文件或者技术规范的罗列，应当充分体现监理工作方法及措施，具有可操作性。

3. 监理实施细则的编制时间应在施工组织设计、专项施工方案审批后专项工程施工前完成。

4. 危险性较大的分部分项工程监理实施细则可参照《建设工程安全生产管理条例》第 14 条《关于落实建设工程安全生产监理责任的若干意见》(建市［2006］248 号) 以及关于印发《危险性较大的分部分项工程安全管理办法》的通知 (建质［2009］87 号) 的相关规定编写。

## 工程开工令

A.0.5

工程名称：　　　　　　　　　　　　　　　　编号：A.0.5＿—＿＿＿

| 施工项目经理部签收人姓名及时间 | | 建设单位签收人姓名及时间 | |
|---|---|---|---|

致：＿＿＿＿＿＿＿＿（施工项目经理部）

经审查，本工程已具备施工合同约定的开工条件，经建设单位批准，现同意你方开始施工，开工日期为＿＿＿年＿＿＿月＿＿＿日。

附件：工程开工报审表

（附件共＿＿页）

项目监理机构（章）：＿＿＿＿＿＿＿＿　建设单位（章）：＿＿＿＿＿＿＿＿

总监理工程师：＿＿＿＿＿＿＿＿＿＿建设单位代表（签字）：＿＿＿＿＿＿

（签字、执业印章）

年＿＿＿月＿＿＿日

注：1. 总监理工程师发出的工程开工令应符合法律规定，工程必须取得施工许可文件。

2. 如合同约定，工程开工令由建设单位签发，则开工令由建设单位盖章签字，项目监理机构无须签字盖章。

3. 本表一式三份，项目监理机构、建设单位、施工单位各一份

第五版表　　　　　　　　　　　　　　　　江苏省住房和城乡建设厅监制

使用说明：

1. 总监理工程师应组织专业监理工程师审核施工单位报送的《工程开工报审表》及相关资料，确认具备开工条件，经建设单位批准同意后签发。

2. 除施工单位应具备《开工报审表》中的必备条件外，建设单位已经取得施工许可证，方可同意开工。

注意事项：

1. 总监理工程师应根据建设单位在《工程开工报审表》上的建设单位审批意见签署《工程开工令》。

2. 工程开工令中明确的具体开工日期，应依据施工合同，须经建设单位、施工单位、监理单位依据现场实际情况，共同商定的开工日期为准。

**旁站记录表（通用）**　　**A.0.6**

工程名称：　　编号：A.0.6—______

<table>
<tr><td>日期及气候：</td><td>施工单位：</td></tr>
<tr><td colspan="2">旁站的部位或工序：</td></tr>
<tr><td>旁站开始时间：</td><td>旁站结束时间：</td></tr>
<tr><td colspan="2">施工和监理情况：</td></tr>
<tr><td colspan="2">发现问题及处理情况：</td></tr>
<tr><td colspan="2">旁站监理人员（签字）：<br>年______月______日</td></tr>
</table>

第五版表　　江苏省住房和城乡建设厅监制

使用说明：

1. 在监理规划中应结合本工程特点编制旁站监理方案，在方案中应拟定出本工程需要实施旁站监理的关键部位、关键工序的明细表。

2. 旁站监理方案应事先告知施工单位（在第一次工地会议时列为交底内容，可作为第一次工地会议纪要的附件发放给建设、施工单位）。在需要旁站的关键部位、关键工序施工前 24h 施工单位应提前通知监理机构。

3. 应当严格执行建设部旁站监理的管理办法和监理企业发布的关于做好旁站监理工作的要求。

注意事项：

1. 建设部《关于房屋建筑工程施工旁站监理的管理办法》（建市［2002］189 号）主要指关键部位和关键工序的施工过程质量的控制，应当把超过一定规模的危险性较大的关键部位、关键工序施工过程中的安全监督也列入旁站监理工作的内容。现场各类涉及质量安全和功能性的检测、试验过程，监理机构都应根据工程质量、安全的监管需要设置旁站点，组织监理人员在施工（或检验、检测、试验、调试）过程中进行跟踪旁站。

2. 总监（代）应事前向旁站监理人员进行交底，旁站监理人员在旁站过程中应当严格遵守建设部 189 号文和旁站监理方案要求，认真履行职责。旁站过程中发现施工单位未按施工方案施工，发现质量、安全事故隐患，施工质量、安全管理人员和特殊工种人员不到岗，应当及时要求纠正；施工单位不听劝阻继续违章施工时，应当向总监报告，总监理工程师应按规定的程序采取相应的措施。

3. 一定要注意：凡是需要旁站的关键部位或关键工序，施工单位现场项目部相关负责人、质量、安全管理人员必须到场全过程管理，不得以监理人员的旁站代替施工单位的管理。

4. 旁站结束时，应当及时、认真填写旁站记录。旁站记录应当准确、完整地反映关键部位、关键工序的施工情况，监理工作情况。一般情况下监理应有发现问题、处理问题的记录，并且应当有“闭合”处理结果（不能只发现问题，不解决问题）。

______________会 议 纪 要 **A. 0. 7**

工程名称： A. 0. 7 ____—______

各与会单位：

现将______________________会议纪要印发给你们，请查收。如对会议纪要内容有异议，请在48h内向本监理机构提出书面意见。

附：会议纪要正文共______页。

项目监理部（章）：________________

总监理工程师/总监理工程师代表：__________

______年______月______日

| 会议地点 | | 会议时间 | |
|---|---|---|---|
| 组织单位 | | 主持人 | |
| 会议议题 | | | |
| 各与会单位及人员签到栏 | 与会单位 | 与会人员 | |
| | | | |
| | | | |
| | | | |
| | | | |
| | | | |
| | | | |
| | | | |
| | | | |
| | | | |
| | | | |
| | | | |

注：本会议纪要分为第一次工地会议纪要（A. 0. 7 0）监理例会纪要（A. 0. 7 1）、专题会议纪要（A. 0. 7 2）、项目监理机构内部会议纪要（A. 0. 7 3）

第五版表 江苏省住房和城乡建设厅监制

使用说明：

1. 该表为第一次工地会议（A.0.7. 0）、监理例会（A.0.7. 1）、专题会议会议（A.0.7. 2）和项目监理部内部会议（A.0.7. 3）的纪要用表。参加会议的单位、人员与会时应签名，会议主要内容及结论见附页。

2. 监理例会由总监主持，总监（总代）、专业监理工程师和资料员（记录员）和建设、施工单位的主要管理人员参加，必要时，设计和审计单位、其他相关单位也可派代表参加。监理会议的召开周期、时间、地点应当在第一次工地会议上由三方商定。

3. 监理例会的一般程序：先由施工单位汇报上周工作情况，重点汇报质量、安全、进度状况，同时可对业主和监理需要协调、解决的事项提出要求和建议；监理对上周工作应当作客观评价，对上周提出问题的落实情况作评点，提出下周工作的主要要求和注意事项；建设单位对上周工作发表看法，对施工、监理工作提出要求，并对需要业主解决的问题作答复或表态。监理例会纪要中对上次例会提出问题的处理、落实情况，应当作相应说明。

4. 工地监理部内部会议，由总监主持，总监指出现阶段监理工作的重点，分析当前形势和任务；对质量、进度、费用控制和安全监管需要协调、配合、注意的事项进行分析研究，统一认识；对监理人员职业道德教育，工作方法交流；表扬好人好事，批评不良行为；对法律法规和技术规范的培训学习等。现场监理部全体人员都得参加，及时编写会议纪要。监理部内部会议一般每月不得少于 2 次。

注意事项：

1. 会议纪要内容应全面，准确表达与会各方意见。会议纪要要求参加各方有不同意见时，应在 48h 内书面提出，否则应视为认可。

2. 会议纪要应及时整理发出，要讲究时效，监理例会纪要一般应在翌日发出。会议纪要发放给参加单位，须办理签收手续。

3. 会议纪要应按参加单位的发言顺序记录主要内容，应当充分反映有关方的关键意图和专业意见；专题会议纪要应突出会议主题，研究需要解决问题的结果，最后达成的一致意见的结论，没有统一的保留意见也要反映出来。

4. 对会议纪要中反映的议定事项，会后监理应追踪落实情况。

5. 除第一次工地会议和施工图会审交底应由建设单位项目负责人主持、超过一定规模的危险性较大的专项施工方案组织专家论证会应由施工单位组织外，其他工地（包括专题）会议都应由总监主持，有关单位参加。

**A.0.8**

____________________________________工程

# 监 理 月 报

第______________期

____年____月____日 至____年____月____日

内容提要：
工程实施概况
质量控制情况
费用控制情况
进度控制情况
安全生产管理的监理工作
其他事项

项 目 监 理 机 构 （章）：________________
总监理工程师/总监理工程师代表：________________
日 期：________________

江苏省住房和城乡建设厅监制

**本月工程实施概要**　　A. 0. 8-1

| 相关情况登记 | | | |
|---|---|---|---|
| 本月日历天 | 天 | 实际工作日 | 天 |
| 工程暂停令 | 份 | 联系单 | 份 |
| 监理备忘录 | 份 | 监理通知单 | 份 |
| 例会会议纪要 | 份 | 其他发文 | 份 |
| 本月工程现场大事记 | | | |
| | | | |

第五版表　　江苏省住房和城乡建设厅监制

使用说明：

本表记载本月工程现场发生的大事，主要包括以下内容：

1. 如果是第一次（第一个月）的月报，要把工程概况和第一次工地会议情况写进去。

2. 表上面的相关情况登记的内容应简要说明。建设单位通知单、联系单；监理工程师通知单、联系单、备忘录、工程暂停令；监理例会、专题会议等。

3. 开、竣工报告、施工组织设计/专项施工方案审批情况。

4. 总包、分包单位审批、进场情况及大型施工机械、设备进退场和主要材料进场情况。

5. 建设行政主管部门、建设单位上级部门、监理单位管理层到现场检查、指导工作情况。

6. 重大质量、安全生产事故处理情况。

注意事项：

一定要注意是“实施概要”、是“大事记”，切记不要写成事无巨细的流水账。

**本月工程质量控制情况评析**　　　　**A. 0. 8-2**

<table>
<tr><td colspan="4">本月质量控制情况登记</td></tr>
<tr><td>本月抽查、见证试验次数</td><td>次</td><td>试验结果不合格次数</td><td>次</td></tr>
<tr><td>设备开箱检查次数</td><td>次</td><td>检查不符合要求次数</td><td>次</td></tr>
<tr><td>本月查验分项工程</td><td>项</td><td>其中一次验收合格计</td><td>项</td></tr>
<tr><td colspan="2">发出监理通知单（质量控制类）</td><td colspan="2">份</td></tr>
<tr><td colspan="4">工程质量情况简析（文字或图表）</td></tr>
<tr><td colspan="4"></td></tr>
<tr><td colspan="4">下月质量情况预计和目标</td></tr>
<tr><td colspan="4"></td></tr>
</table>

第五版表　　　　江苏省住房和城乡建设厅监制

使用说明：

按表中登记内容应填写齐全，数据准确（文字或图表，表中分项工程统计按检验批次数进行统计）。工程质量情况简析应包括内容：

1. 质量检验批计划落实情况。

2. 材料/设备进场报验、见证取样复试结果。

3. 工序质量验收情况。

4. 质量隐患、质量事故处理情况。

5. 监理巡检查、平行检验、关键部位、关键工序跟踪旁站情况。

6. 施工单位质量管理体系落实情况、监理质量控制情况评析。

7. 下月质量情况预计和目标。

根据施工单位本月质量保证体系运行状况及现场工程质量存在的问题，提出下月工程质量的主要控制内容、方法和控制目标。

注意事项：

1. 本表中应有施工单位质量管理体系、制度落实情况、监理质量控制情况的综合评析，应突出具体事项，不要空话、套话。

2. 表中各类检查、试验次数及结果应如实填写。

**本月费用控制情况评析**　　A. 0. 8-3

| 工程合同总额 | | | 万元 |
|---|---|---|---|
| 截至本月 25 日累计完成金额占工程合同投资总额百分比 | | | % |
| 本月批准付款 | 万元 | 累计批准付款额 | 万元 |
| 本月发生批准索赔 | 万元 | 累计发生索赔额 | 万元 |
| 发出监理通知单（造价控制类） | | | 份 |
| 工程费用控制情况简析（文字或图表） | | | |
| | | | |
| 预计下月工程发生费用金额 | | | |
| | | | |

第五版表　　江苏省住房和城乡建设厅监制

使用说明：

1. 表中内容应如实填写，如没有发生费用支出，在费用简析中应填写本月未发生费用。

2. 根据工程具体情况，如建设单位未要求监理进行造价控制，在月报内应说明该情况。

3. 工程费用控制情况简析中，如果监理审批了费用，应将审批结果明确认定，被批准的单位，支付工程（材料、设备）款金额××万元，并注明工程款支付证书××号。

4. 不直接付款的，属于工程量变更、签证的也可将有关情况写在费用情况简析中，并说明由此而可能发生的费用；工程预决算审核和工程费用索赔的处理情况等；费用支出应附工程量及造价计算书等。

5. 预计下月工程发生费用金额，预计施工单位下月完成的工程量，按施工合同约定估算将要发生的费用。

注意事项：

1. 工程款支付审批的数额以及支付单位都应写清楚，不能只记载审批支付数额，不记载支付单位。

2. 监理审批的只是第一道审批程序，后面还有审计、建设单位审批，监理在签批后应留底稿备查，其他程序走完后，有关单位应向监理单位提交1份最终审批结果。所有审批的工程款项，都要在监理日记上反映。

3. 所有监理审批的工程款支付，都必须是经过监理验收合格的工程，未经监理验收或监理验收不合格的工程，不得计量和支付费用。

4. 所有关于工程费用索赔、工程计量、工程款支付，如果监理为第一审批人，还有建设、审计等后续审批程序，则监理应在审批意见签字后，保留复印件备查，同时监理机构应建立工程款审批台账。

**本月工程进度控制情况评析**　　**A. 0. 8-4**

<table>
<tr><td>工程开工日期</td><td></td><td>工程竣工日期</td><td></td></tr>
<tr><td>本月计划完成至</td><td colspan="3"></td></tr>
<tr><td>本月实际完成至</td><td colspan="3"></td></tr>
<tr><td>本月批准延长工期</td><td>天</td><td>累计延长工期</td><td>天</td></tr>
<tr><td colspan="2">发出监理通知单（进度控制类）</td><td colspan="2">份</td></tr>
<tr><td colspan="4">本月工程进度情况简析（文字或图表）</td></tr>
<tr><td colspan="4"></td></tr>
<tr><td colspan="4">下月工程进度展望</td></tr>
<tr><td colspan="4"></td></tr>
</table>

第五版表　　江苏省住房和城乡建设厅监制

使用说明：

1. 有关工程进度的信息简析。

2. 本月工程实际完成进度情况（形象进度）的具体叙述。

3. 监理应对本月进度计划实际完成情况（包括形象进度或工程量）与总进度计划进行分析比较，找出滞后原因，提出有关方注意事项和采取合理措施、追赶进度的建议。

4. 下月进度展望应根据原计划设想应当达到的进度，提出可能影响下月进度的不利因素，以及需要注意的事项。

注意事项：

1. 在审批进度计划时，如果当月实际进度与计划进度或总进度计划对比严重滞后，监理应当客观分析原因，建议有关责任方采取相应措施，及时纠偏，必要时应复查相关联系单或通知单。

2. 在主体结构施工期间，最好将形象进度拍成照片附后，更能直观反映现场的实际进度情况。

**本月施工安全生产管理工作评析**　　A. 0. 8-5

<table>
<tr><td colspan="2">本月施工安全生产管理工作情况登记</td></tr>
<tr><td>本月安全检查次数</td><td>次</td></tr>
<tr><td>发出监理通知单（安全文明类）</td><td>份</td></tr>
<tr><td colspan="2">工程施工安全生产管理工作简析（文字或图表）</td></tr>
<tr><td colspan="2">施工单位的安全生产管理状况：<br><br><br><br>安全生产管理的监理工作：</td></tr>
<tr><td colspan="2">下月安全生产管理的监理工作重点</td></tr>
<tr><td colspan="2"></td></tr>
</table>

第五版表　　江苏省住房和城乡建设厅监制

使用说明：

1. 施工单位安全生产管理状况

应简要评述本月施工单位安全生产管理体系执行情况，包括各项安全管理制度落实情况：组织机构中的相关责任人到岗情况；安全教育培训、施工人员的安全意识；投入的安全设施、设备安全运行状况；危险性较大的安全施工专项方案中强制性标准执行情况，超过一定规模的危险性较大的专项施工方案的审批程序及落实情况，安全生产事故的处理情况以及安全生产事故应急预案的执行情况等。

2. 安全生产管理的监理工作

(1) 需要说明的是：原表是“履行建设工程安全生产法定职责情况”，准确的提法应当是《建设工程监理规范》GB/T 50319—2013 标准提法：安全生产管理的监理工作。安全生产的第一责任人应是施工单位，监理是起监督管理作用，不能本末倒置。按原表说法好像施工单位没有安全生产责任，监理反而要履行职责，容易造成错觉和误导，与法律法规赋予监理的职责不符，对有些对建设工程安全生产管理条例等相关法律法规和部门规章不清楚的单位和个人，容易产生误导。

(2) 根据《建设工程安全生产管理条例》第 14 条和住房城乡建设部建质［2009］87 号文、建设部令第 166 号等相关法规文件，监理履行相关职责情况。

(3) 现场本月安全检查制度执行情况，周安全检查、月安全检查，安监部门检查以及日常巡视检查中发现的安全隐患整改情况等。

(4) 下月安全生产管理工作展望和目标

下月展望安全生产管理工作情况，可以列出安全工作重点及监管措施，目标应与合同目标一致。

注意事项：

监理对现场安全生产检查的方式可以是巡查、抽查、验收，可以是单独检查，也可以联合施工单位、建设单位检查，应采取定期检查、不定期检查、巡查相结合的方式，检查中发现的问题应及时签发整改通知单限期整改，并且要求施工单位在规定的时间内整改完成并书面回复。

**本月工程其他事项**　　**A. 0. 8-6**

|  |
| --- |
|  |

第五版表　　江苏省住房和城乡建设厅监制

使用说明：

1. 可填写本月报中未能反映出的与本工程进展有关的其他重要事项，如不可预见的重大自然灾害、政策变化等以及备忘录反映的问题一直得不到落实，而有可能对工程产生不良后果的事项。

2. 表格各栏内不够填写的，可增加附页。

3. A.0.8 本月工程其他事项，有则写，没有则不写。

注意事项：

1. 监理月报切忌空话、套话，要能反映真实情况。

2. 除文字记载外，应提倡采用影像资料（如质量、安全）、图表（如计划进度与实际进度对比图表）。

3. 月报中各表的有关质量、安全、进度、造价的监理发文内容与数量应与工程概要表的相关内容一致。

4. 监理月报一般由专业监理工程师参与编写，总监理工程师负责审核并完善。监理月报应在每月 5 日前报建设单位和本监理企业。

5. 现场监理机构在日常工作中应注意收集、积累有关文件、图表等原始资料，才能编写出高质量的监理月报。

**现推荐一份较好的监理月报案例（注：此表为江苏省第四版用表，仅供参考）。**

B5

江苏某商业楼工程

# 监　理　月　报

第________期

______年______月______日 至______年______月______日

内容提要：

月工程情况概要

月工程质量控制情况评析

月工程安全生产管理工作评析

月工程进度控制情况评析

月工程费用控制情况评析

本月工程其他事项

项目监理机构（章）：____________________

总 监 理 工 程 师：____________________

日　　　　　　期：____________________

江苏省住房和城乡建设厅监制

**本月工程实施概要** **B5-1**

| 相关情况登记 | | | |
|---|---|---|---|
| 本月日历天 | 31天 | 实际工作日 | 31天 |
| 建设单位通知单 | 0份 | 建设单位联系单 | 0份 |
| 工程暂停令 | 0份 | 监理工程师通知单 | 3份 |
| 监理工程师备忘录 | 0份 | 监理工程师联系单 | 0份 |
| 例会会议纪要 | 4份 | 专题会议纪要 | 1份 |

本月工程现场大事记

1. 201×年3月26日，监理公司检查本项目监理工作。

2. 3月29日，召开监理例会，对工程施工质量、进度、投资、安全文明及合同信息管理方面进行了分析，提出了业主、监理要求和建议。详见B61-1103083。

3. 3月29日，召开专题会议，协调处理总承包方擅自施工VRV空调新风管事宜。

4. 3月31日，发出监理工程师通知单B24-1103118，要求各施工单位加强工地安全管理。

5. 4月3日，召开内装与机电、消防施工存在的定位、安装高度问题专题会议。

6. 4月6日，召开监理例会，对工程施工质量、进度、投资、安全文明及合同信息管理方面进行了分析，提出了业主、监理要求和建议。详见B61-1104084。

7. 4月11日，发出监理工程师通知单B22-1104119，要求总包方拆除擅自施工的VRV空调新风管，否则业主将组织人员拆除。

8. 4月12日，发出监理工程师通知单B24-1104120，要求各施工单位做好迎接区综合安全检查各项工作。

9. 4月12日，召开监理例会，对工程施工质量、进度、投资、安全文明及合同信息管理方面进行了分析，提出了业主、监理要求和建议。详见B61-1104085。

10. 4月19日，召开监理例会，对工程施工质量、进度、投资、安全文明及合同信息管理方面进行了分析，提出了业主、监理要求和建议。详见B61-1104086。

11. 4月23日，施工单位接受省文明工地检查。

12. 4月23日，业主领导观看样板房和样板卫生间

江苏省住房和城乡建设厅监制

## 本月工程质量控制情况评析　B5-2

<table>
<tr><td colspan="4">本月质量控制情况登记</td></tr>
<tr><td>本月抽查、见证试验次数</td><td>1 次</td><td>试验结果不合格次数</td><td>0 次</td></tr>
<tr><td>设备开箱检查次数</td><td>1 次</td><td>检查不符合要求次数</td><td>0 次</td></tr>
<tr><td>本月查验分项工程</td><td>2 项</td><td>其中一次验收合格计</td><td>2 项</td></tr>
<tr><td colspan="2">发出监理通知单（质量控制类）</td><td colspan="2">1 份</td></tr>
<tr><td colspan="4">工程质量情况简析（文字或图表）</td></tr>
<tr><td colspan="4">本月主要施工内容为：<br>土建：局部地下室金刚砂地坪施工；配电房基础、电缆沟施工。幕墙：主楼幕墙骨架焊接安装，17～22 层单元片吊装安装。内装：1～22 层分隔墙钢架施工，部分隔墙单面封板；5 层样板房样板卫生间施工。机电、消防：管线管道安装；消防电梯开始安装，4 层机房中心结构加固施工。现将质量控制主要情况简析如下：<br>1. 在每周监理工地例会上对现场施工质量进行督促、安排、提出具体要求；正常对现场施工进行检查，发现问题及时指出，要求施工单位及时整改。督促施工单位做好质量控制。<br>2. 监理部对幕墙安装施工进行巡查、旁站监控，记录详细；对轴线定位、幕墙骨架焊接施工进行跟踪监控。按照规范检查验收，能第一时间发现掌握施工过程中的异常情况，按规范程序控制施工质量。<br>3. 要求幕墙、机电、消防、内装及时上报主材品牌和提交样品，及时督促施工单位对进场材料进行见证检测，原材料均能够及时送检检测，检测结果合格。重点对幕墙骨架安装、石材安装、玻璃安装加强现场巡视检查，严格控制安装的垂直度、顺直度、拼缝高低差、顺直度、缝宽等。<br>4. 本月重点内装深化设计图图纸会审工作。为保证内装施工质量做好基础工作和技术准备工作。进行内装材料样品报审报验工作。机房中心加固设计、施工方案审查、质量控制。本月施工质量控制处于可控状态</td></tr>
<tr><td colspan="4">下月质量情况预计和目标</td></tr>
<tr><td colspan="4">下月，监理在质量方面的工作重点如下：<br>（1）土建施工基本结束。督促××二建做好局部粉刷完善施工、洞口封堵、配电房基础及电缆沟扫尾工程施工。督促××二建继续加强现场总包配合管理。<br>（2）重点加强主楼幕墙单元片构件加工、吊装安装质量控制。<br>（3）加强内装设计变更管理。<br>（4）机电、消防、VRV 空调、主楼消防电梯将展开设备安装、支管安装施工。需严把设备、材料、安装质量关。<br>（5）继续熟悉施工设计深化图纸和相关规范，依据合同文件严把内装材料质量、品牌关，依据规范标准严格审批施工单位的材料报检，严格控制测量放线、工序质量报验等各项工作。施工许可证手续办理完善。<br>（6）弱电智能化工程 27 日开标，即将进场施工。加强施工准备工作管理，做好质量预控。质量目标：依据工程技术相关规范和标准，严格监理程序，做好材料质量控制，工序质量控制，严把工程验收关，使本工程质量处于可控之中</td></tr>
</table>

江苏省住房和城乡建设厅监制

**本月费用控制情况评析**　　　　**B5-3**

<table>
<tr><td>工程总投资额<br>（施工中标金额）</td><td colspan="3">1. 桩基：1648.417947 万元（监理竣工结算报告为 15932570.21 元）<br>2. 支护：1906.0077 万元（监理竣工结算报告为 19253631.62 元）<br>3. 土建：9135.0952 万元<br>4. 消防：1422.0703 万元<br>5. 幕墙：5360.8970 万元<br>6. 机电：3580.1450 万元<br>7. 内装：11985.6231 万元</td></tr>
<tr><td>累计完成金额占总投资额百分比<br>（为监理计量支付百分比）</td><td colspan="3">1. 桩基：80.00%（计算基数见说明）<br>2. 支护：80.00%（已计量百分比）<br>3. 土建：80.00%<br>4. 消防：13.82%<br>5. 幕墙：34.84%<br>6. 机电：10.00%<br>7. 内装：0.00%</td></tr>
<tr><td>本月监理批准付款</td><td>1. 桩基：0.0000 万元<br>2. 支护：0.0000 万元<br>3. 土建：0.0000 万元<br>4. 消防：0.0000 万元<br>5. 幕墙：1224.7166 万元<br>6. 机电：0.0000 万元<br>7. 内装：0.0000 万元</td><td>累计批准<br>付款额</td><td>桩基：1253.7285 万元<br>支护：1428.8572 万元<br>土建：7109.5446 万元<br>消防：196.5754 万元<br>幕墙：1867.4806 万元<br>机电：358.0145 万元<br>内装：0.0000 万元</td></tr>
<tr><td>本月发生批准索赔</td><td>0 万元</td><td>累计发生<br>索赔额</td><td>0 万元</td></tr>
<tr><td colspan="2">发出监理通知单（造价控制类）</td><td colspan="2">0 份</td></tr>
<tr><td colspan="4">工程费用控制情况简析（文字或图表）</td></tr>
<tr><td colspan="4">1. 监理严格工程计量支付程序，做好现场工程量签证，严格按合同、相关法律、法规、规范要求进行计量支付审核，严格把好计量关，审减施工多算冒计，维护了业主的利益。<br>2. 为保证工程总体进度和春节保障民工工资发放，业主对施工单位予以大力支持，在批准的计量支付进度款基础上，按实际形象进度以借款形式达到超合同条件支付。以上批准支付款未含借款。<br>3. 本月仅幕墙计量支付款项。已扣回春节借款 1000 万，但也又借支 500 万，实际支付 2367 万元</td></tr>
<tr><td colspan="4">预计下月工程发生费用金额</td></tr>
<tr><td colspan="4">施工单位正常按合同上报工程形象进度款支付申请，监理审核后报业主扣回借款。预计<br>（1）幕墙扣回借款后还需支付 500 万元。<br>（2）内装需支付进度款 1000 万元。<br>（3）消防需支付进度款 200 万元。<br>（4）宁静空调预付款。<br>（5）弱电智能化工程预付款 260 万元</td></tr>
</table>

江苏省住房和城乡建设厅监制

编者注：该表《本月费用控制情况评析》没有将工程款的支付单位（施工承包商或材料设备供应商的单位）名称写上，是一缺憾。

## 本月工程进度控制情况评析　　B5-4

<table>
<tr><td>工程开工日期</td><td>2009 年 4 月 21 日</td><td>工程竣工日期</td><td>2011 年 12 月 31 日</td></tr>
<tr><td>本月计划完成至</td><td colspan="3">1. 土建：配合安装完善局部洞口封堵、配电房基础及电缆沟施工。<br>2. 幕墙：17～23 层单元片吊装安装完成。<br>3. 内装隔墙骨架、单侧封板施工完成 70%。5 层样板房、卫生间施工完成。机电、消防主管施工基本完成。配合内装施工支管。<br>4. 消防电梯进场安装完成。<br>5. VRV 空调系统专业队伍进场开始安装施工。<br>6. 弱电智能化完成招标投标工作</td></tr>
<tr><td>本月实际完成至</td><td colspan="3">1. 土建：配合安装完善局部洞口封堵、配电房基础及电缆沟施工。<br>2. 幕墙：17～22 层单元片吊装安装完成。<br>3. 内装隔墙骨架、单侧封板施工完成 60%。5 层样板房、样板卫生间施工完成。机电、消防主管施工基本完成。配合内装施工支管。<br>4. 消防电梯进场安装未完成。<br>5. VRV 空调系统专业队伍进场未开始安装施工。<br>6. 弱电智能化完成招标投标工作，但也推迟</td></tr>
<tr><td>本月批准延长工期</td><td>0 天</td><td>累计延长工期</td><td>0 天</td></tr>
<tr><td colspan="2">发出监理通知单（进度控制类）</td><td colspan="2">2 份</td></tr>
<tr><td colspan="4">本月工程进度情况简析（文字或图表）</td></tr>
<tr><td colspan="4">1. 目前工程进度情况：<br>（1）土建主楼屋面系、地下室顶板防及水土方回填、部分内装粉刷找平等扫尾工程，间插施工，不影响工程总进度。<br>（2）幕墙进度滞后 1 层，虽能在合同工期完成，但不能满足业主要求。<br>（3）内装施工进度成为本工程是否如期完成的关键。但受暖通、弱电智能化影响不能正常施工。<br>（4）机电、消防施工全面配合内装，做好施工交叉协调工作，为内装提供工作面。图纸会审工作已完成，加快设备、材料采购准备，及时安装到位。目前基本正常。消防防火门及防火卷帘需加快样板施工及全面施工。<br>2. 影响本月施工进度的因素：<br>（1）VRV 空调系统深化设计滞后、安装滞后；弱电智能化招标投标工作严重滞后，已成为影响整个工程进度关键因素。<br>（2）消防电梯安装滞后、电力部门承担的开闭所、配电房施工滞后，为下一步内装施工即将造成严重制约</td></tr>
<tr><td colspan="4">下月工程进度展望</td></tr>
<tr><td colspan="4">1. 下月进度预测如下：<br>（1）土建：配合安装完善局部洞口封堵、配电房施工。<br>（2）幕墙：主楼完成 22、23 层单元片安装（塔吊、施工电梯部位除外），屋架幕墙施工完成。观光电梯、裙楼屋面设备房钢结构开始施工。<br>（3）内装：隔墙骨架及单侧封板完成 80%，吊顶完成 40%。<br>（4）机电、消防：全面配合内装要求进行支管安装和设备安装、风管安装。<br>（5）主楼消防电梯施工完成并投入临时使用；VAV 空调队伍开始施工。完成弱电智能化进场开始施工；为内装提供施工作业面。开闭所、配电房施工完成。<br>2. 下月进度实施中将重点给予关注的问题：<br>（1）幕墙需按期完成楼层单元片吊装安装，移交内装施工作业面。<br>（2）电梯、VAV 空调、开闭所、配电房施工进度不能满足总体进度要求，内装施工不能正常进行，将导致总进度不能保证。<br>（3）重点是弱电智能化深化设计方案及招标投标工作是否完成。队伍能否进场，也是影响总体进度的关键因素。<br>（4）机房中心结构加固问题，方案确定与施工难度，对工期影响也非常大</td></tr>
</table>

江苏省住房和城乡建设厅监制

**本月施工安全生产管理工作评析** **B5-5**

<table>
<tr><td colspan="2">本月施工生产安全管理工作情况登记</td></tr>
<tr><td>本月安全检查次数</td><td>6次</td></tr>
<tr><td>发出监理通知单（安全控制类）</td><td>3份</td></tr>
<tr><td colspan="2">工程施工安全生产管理工作简析（文字或图表）</td></tr>
<tr><td colspan="2">本月施工单位安全生产管理状况：<br>（1）现场安全文明施工由××二建统一管理。各参建单位均配备了专职安全员。能正常开展各项安全工作。能够遵守安全生产责任制度、安全生产教育培训制度和安全生产规章，按照规定进行现场安全管理。形成了现场管理体系，责任明确到人。<br>（2）重点对临时用电、内装骨架、幕墙骨架焊接安装防火安全、单元片吊装安装重大危险源加强了管理控制。规范设置接火斗、明确专职看火员；50T-M塔式起重机配备了相应的司索工、信号工和司机，幕墙吊装小台车操作人员严格按方案规范操作；幕墙、机电、消防、电梯安装人员严格佩戴好安全绳。继续加强对安装移动脚手架、临边洞口防护安全管理，及时督促整改，必要时予以经济处罚。<br>（3）施工电梯运行正常；脚手架、卸货平台及幕墙吊篮搭设规范。<br>（4）按照施工组织设计、安全文明施工专项方案、临时用电专项方案及相关规范标准的要求进行施工安全检查验收。检查、整改记录齐全。<br>（5）按照省文明工地要求布置现场。××二建、××装饰、××幕墙、××四局、××消防、××空调临时设施搭设井然有序；对安监站、业主、监理指出的安全存在问题能够及时整改并回复。<br>施工现场安全处于可控状态，本月施工现场无安全事故。<br>本月安全生产管理的监理工作：<br>（1）在每周的监理例会上对现场安全文明施工进行督促、安排、要求，平时加强巡查力度，每周工地例会前定期组织各参建单位对现场安全文明施工进行检查，发现问题及时指出并形成书面记录，要求施工单位整改。督促施工单位做好安全工作。<br>（2）督促××二建及各参建施工单位加强现场安全文明施工管理。重点对塔式起重机、施工电梯、脚手架、卸货平台、吊篮、单元片吊装小台车、电焊机及电焊施工、临时用电等安全危险源较大的部位和施工加强检查力度。审查电梯施工组织设计。<br>（3）督促××二建及各参建施工单位，督促其建立起安全组织机构，保证其安全管理体系正常有效运行。特别是做好施工人员进行安全教育和技术交底，提高职工安全防护意识。加强安全检查、排查，并做好安全检查、整改、验收记录。及时发出安全文明施工监理工程师通知单2份。<br>（4）积极配合安监站检查，对检查出的问题督促施工单位及时整改并回复。<br>下月施工安全生产管理工作展望和目标：<br>1. 下月施工安全生产管理工作展望<br>（1）继续要求××二建及各参建施工单位加强安全管理，搞好现场安全工作；塔式起重机、单元片吊装小台车、施工电梯在垂直运输过程中，司机、指挥、司索工、信号工加强配合协调，确保安全。<br>（2）重点要求××幕墙做好吊篮施工安全管理；幕墙单元片垂直运输，卸货平台安装、拆除及使用安全管理，严格按专项方案组织实施。高空作业系好安全绳检查管理。<br>（3）内装施工全面展开，防火安全管理是重点，督促内装施工单位建立起完善的安全管理体系、安全管理制度，并有效运转。<br>（4）进一步加强施工临时用电的安全管理，督促以内装、机电、消防、暖通、电梯为主的各单位落实安全用电技术措施和组织措施；所有机电设备均应安装触电保护器，确保用电安全。必须定期或不定期地进行安全检查；对施工机械加强维修保养，发现安全隐患必须及时排除。及时发出安全文明施工监理工程师通知单，积极规避监理安全责任风险。<br>2. 下月安全生产管理目标<br>安全生产管理目标：施工现场无安全事故</td></tr>
</table>

江苏省住房和城乡建设厅监制

现场形象进度图片：

裙楼幕墙施工完成图

主楼幕墙完成至 22 层图

**工程款支付证书** **A.0.9**

工程名称： 编号：A.0.9—______

| 施工单位签收人<br>姓名及时间 | | 建设单位签收人<br>姓名及时间 | |
|---|---|---|---|

致：____________（施工单位）

根据工程施工合同的规定，经审核编号为____________工程款支付报审表，扣除有关款项后，同意支付工程款共计（大写）______________（小写：__________）。

其中：

1. 施工单位申报款为：______________
2. 经审核施工单位应得款为：______________
3. 本期应扣款为：______________
4. 本期应付款为：______________

附件：

工程款支付报审表及附件。

项目监理机构（章）：______________

总监理工程师（签字、执业印章）：__________

_____年_____月_____日

注：本表一式三份，项目监理机构、建设单位、施工单位各一份

第五版表 江苏省住房和城乡建设厅监制

使用说明：

1. 工程款支付证书是在审核施工单位《工程款支付申请表》的基础上，监理审批用表。专业监理工程师应及时审核施工单位提供的《工程计量报审表》或《工程费用索赔报审表》，并有计算方法（计算书）。

2. 监理审核的依据是招标文件和承包合同。

注意事项：

1. 往往监理审批的只是第一道审批程序，后面还有审计、建设单位审批，监理在签批后应留底稿（或复印件）备查，等其他程序走完后，有关单位应向监理单位提交 1 份最终审批结果。所有审批的工程款项，都要在监理日志上反映，同时监理机构应建立工程款审批台账。

2. 所有监理审批的工程款支付，都必须是经过监理验收合格的工程，未经监理验收或验收不合格的工程，不得计量和支付费用。

3. 工程款支付证书，应依据合同审核。在审核施工单位《工程款支付申请表》的基础上，审核工程计量是否准确，一般有工程进度款和费用索赔两种情况，不但要核工程量，还要明确核定的费用金额（一般按招标文件、承包合同或建设单位、审计认可的单价）。

4. 工程款支付从申请、审核，到开出《工程款支付证书》。整个过程施工单位结算人员、项目经理、应与专业监理工程师、总监沟通，最终确定支付款额。

5. 审核工程款支付应在合同规定的时间内进行。

6. 无论合同内的工程款还是合同外（设计变更、业主、监理签证）的工程量和工程款审批，都必须做到：计量依据可靠，计算准确无误。

**监理通知单（　　类）** **A.0.10**

工程名称：　　　　　　　　　　　　　　　　　　　编号：A.0.10＿—＿＿

| 施工项目经理部签收人姓名及时间 | | 建设单位签收人姓名及时间 | |
|---|---|---|---|

致：＿＿＿＿＿＿＿＿＿＿（施工项目经理部）

事由：

内容：

如对本监理通知单内容有异议，请在24h内向监理提出书面报告。

附件共＿＿页，请于＿＿年＿＿月＿＿日前填报回复单（B.5.1）。

项目监理机构（章）：

总监理工程师/专业监理工程师（签字）：＿＿＿＿＿＿

＿＿年＿＿月＿＿日

注：1. 本通知单分为质量控制类（A.0.101）、造价控制类（A.0.102）、进度控制类（A.0.103）、安全文明类（A.0.104）、工程变更类（A.0.105）、其他类（A.0.106）。

2. 本表一式三份，项目监理机构、施工项目经理部、建设单位各一份

第五版表　　　　　　　　　　　　　　　　　　江苏省住房和城乡建设厅监制

使用说明：

1. 涉及质量、进度、造价、安全、工程变更等重要事项，监理机构需要承包单位执行，用口头或书面联系单方式不能及时解决、有可能造成难以挽回的后果或后遗症的，且尚未达到非停工不能解决的重要问题，应用采用监理工程师通知单，对施工单位的指令性要求，均可以通知单形式下发。

2. 通知单应当采用本表注明的分类编号方式。

3. 通知单应指明承包单位应执行事项的具体内容、达到整改要求的回复时间，具体时间的限定应根据相关工作内容、执行事项的难度、重要性、复杂程度等确定。

注意事项：

1. 通知单发出后监理机构应跟踪落实结果，对提出的问题应在规定的期限内闭合，否则涉及质量、安全隐患的，则应及时签发暂停令，直至向主管部门报告。

2. 对通知回复单中要求复核的内容，监理机构应及时组织专人负责逐条审查，并及时签署审核意见。对仍存在的不合格项，在批复中要求继续整改，符合要求后再回复。如果是重要的质量、安全问题，在规定的时间内整改不到位，有可能发生难以补救的质量安全隐患，则应签发《工程暂停令》或采取其他有效措施。

3. 该通知单内有两个时限要重视，即要求承包单位完成应执行事项的时限和应当书面回复的时限，必须确保，否则监理工作就失去严肃性和权威性，甚至还会产生被动局面。

**工 程 暂 停 令**

**A. 0. 11**

工程名称：　　　　　　　　　　　　　　　　　　编号：A. 0. 11—______

| 施工项目经理部签收人姓名及时间 | | 建设单位签收人姓名及时间 | |
|---|---|---|---|

致：________________（施工项目经理部）

由于______________________________________________________________

__________________________________________________________________

原因，现通知你方于____年____月____日____时起，暂停________________部位（工序）施工，并按下述要求做好后续工作。

要求：

项目监理机构（章）：________________

总监理工程师（签字、执业印章）：________________

____年____月____日

注：本表一式三份，项目监理机构、施工项目经理部、建设单位各一份

第五版表　　　　　　　　　　　　　　　　江苏省住房和城乡建设厅监制

使用说明：

1. 总监在下列情况下应签发暂停令：

(1) 施工单位未经批准擅自组织施工（包括工程材料未经监理验收或监理验收不合格施工单位就用到工程中的，上一道工序未经监理验收或者监理验收不合格就进行下一道工序施工的）或者拒绝监理机构管理的。

(2) 施工单位未按审查通过的工程设计文件施工的。

(3) 施工单位未按批准的施工组织设计施工或违反工程建设强制性标准的。

(4) 施工过程中存在重大质量、安全事故隐患或发生质量、安全事故的。

(5) 建设单位要求暂停施工且工程需要暂停施工的。

(6) 在施工过程中监理机构发现工程存在安全事故隐患的应签发监理工程师通知单要求施工单位整改；情况严重的，应当签发《工程暂停令》要求施工单位暂时停止施工，并及时报告建设单位。施工单位拒不整改或不停止施工的，监理单位应当及时向有关主管部门报告。

2. 暂停令运用原则与处理程序应当得当。签发暂停令的理由应当充分，必须明确暂停施工的范围、部位、时间，暂停施工后的善后处理工作，停工后的整改要求。

注意事项：

1. 因为直接涉及工期、造价等有关方利益，监理签发工程暂停令都比较慎重，监理口头提醒或书面联系单、通知单，以及会议纪要上反复强调的事，承包单位总是拒不接受，建设单位也知道。正常情况下，建设单位会支持监理要求暂停施工整改的，否则现场工程各项目标控制会失控。签发暂停令之前，总监理工程师应与建设单位沟通。在监理规范范围内行事的，无须经过建设单位同意。比如，施工单位把未经监理验收或验收不合格的材料用于工程中，上一道工序未经验收或验收不合格就进行下一道工序施工，监理阻止无效就可以签发暂停令，这是国务院颁发的质量管理条例、安全生产管理条例的要求，无论建设单位同意与否，监理认为有必要时，都应当执行国务院令，当然监理应尽量履行、提前、及时告知义务。

2. 签发工程暂停令后，现场监理要监督、指导、检查施工单位做好善后工作，检查整改方案的落实情况。

3. 施工单位应积极认真整改，暂停原因消失后，具备复工条件时，监理应及时签署复工指令。

## 工 程 复 工 令

**A.0.12**

工程名称：＿＿＿＿＿＿＿＿＿＿＿＿＿＿ 编号：A.0.12—＿＿＿＿

| 施工项目经理部签收人姓名及时间 | | 建设单位签收人姓名及时间 | |
|---|---|---|---|

致：＿＿＿＿＿＿＿＿＿＿（施工项目经理部）

我方发出的编号为＿＿＿＿＿＿＿＿＿＿＿＿《工程暂停令》，要求暂停施工的＿＿＿＿＿＿＿＿＿＿部位（工序），现已具备复工条件。经建设单位同意，通知你方于＿＿＿年＿＿＿月＿＿＿日＿＿＿时起恢复施工。

附件：

□ 工程复工报审表

□ 建设单位工程联系单

项目监理机构（章）：＿＿＿＿＿＿＿＿＿＿＿＿＿＿＿＿

总监理工程师（签字、执业印章）：＿＿＿＿＿＿＿＿＿

＿＿＿年＿＿＿月＿＿＿日

注：本表一式三份，项目监理机构、建设单位、施工单位各一份

第五版表 江苏省住房和城乡建设厅监制

使用说明：

1. 监理机构接到施工单位的《工程复工报审表》后应审查《工程暂停令》中需要暂停施工的部位，是否按暂停令中的要求整改完毕，且经验收符合要求。

2. 复工报审表中应有建设单位审批的明确意见。

注意事项：

1. 如果暂停令中需要整改的事项只是部分符合要求，可同意部分复工，其余则继续进行整改，直至符合要求后复工。

2. 如果是施工单位原因造成的暂停施工，则影响工期及造价的不予索赔。

**监 理 备 忘 录** **A.0.13**

工程名称： 编号：A.0.13 __—____

| 事由 | | 签收人<br>姓名及时间 | |
|---|---|---|---|

致：

项目监理机构（章）：__________

总监理工程师/总监理工程师（签字）：__________

____年____月____日

抄送：______________ 签收人姓名及时间：______________

抄报：______________ 签收人姓名及时间：______________

注：1. 本备忘录用于项目监理机构就有关重要建议未被建设单位采纳或监理通知单中的应执行事项施工单位未予执行的最终书面说明，可抄报有关上级主管部门。

2. 本备忘录分为对建设单位备忘录（A.0.131）、对施工单位备忘录（A.0.132）

第五版表 江苏省住房和城乡建设厅监制

使用说明：

1. 本备忘录可以对建设、施工单位签发。

2. 本备忘录适用于监理机构就有关事项（包括：提前做好供货准备，以免承包方索赔；提前做好装饰工程设计或方案认定，以免延误工期；对使用功能的设计缺陷纠正建议）的重要建议未被建设单位采纳，或监理工程师就有关质量、进度、安全文明施工、现场变更计量、签证等问题，向承包单位发出联系单、通知单都得不到解决，以及应执行而未执行事项的最终书面说明。

注意事项：

1. 根据本表说明，无论质量、安全方面的重大事项，如果有必要时，可以抄报上级主管部门，不要以为发了备忘录就万事大吉了。

2. 当遇到工期、费用索赔，调解某些工程管理中的纠纷时，乃至分析相关事故责任等，监理工程师联系单、通知单、备忘录，都可以起到佐证作用。所以备忘录应妥善保存。

**监 理 报 告** **A.0.14**

工程名称： 编号：A.0.14—______

| 事由 | | 主管部门签收人姓名及时间 | |
|---|---|---|---|

致：______________________（主管部门）

由______________（施工单位）施工的______________（工程部位），存在安全事故隐患。我方已于____年____月____日发出编号为______________的《监理通知单》/《工程暂停令》，但施工单位未整改/停工。

特此报告。

附件：

□监理通知单

□工程暂停令

□其他

项目监理机构（章）：______________________

总监理工程师/总监理工程师代表（签字）：______________

____年____月____日

注：当发现存在安全事故隐患并已要求施工单位整改，但施工单位拒不整改或不停止施工时，项目监理机构采用本报告及时向有关主管部门报告

第五版表 江苏省住房和城乡建设厅监制

使用说明：

1. 当发现存在质量事故隐患、安全事故隐患并已要求施工单位整改，但施工单位拒不整改或不停止施工时，项目监理机构采用此单及时向有关主管部门报告。

2. 本报告单的申报，系根据现场实际情况，依据相关技术规范中的强制性标准，依据国家相应法律、法规，由总监自主决定。

注意事项：

1. 向上报建设行政主管部门报告应具备以下条件：

(1) 必须是施工单位不按施工组织设计（方案）施工，违背强制性标准，已经发生或存在严重的质量、安全隐患。

(2) 监理通过口头、书面通知施工单位整改，施工单位拒不整改，监理按程序签发暂停令、施工单位仍继续违规施工的情况。

2. 如遇建设单位不支持、甚至阻挠的情况，监理应当辨别事情大小、严重程度，应在是否违法、违规、失职，及法律责任与人情观点之间作出明智正确的选择。

A.0.15

______________________工程

# 工程质量评估报告

内容提要：
工程概况
工程参建单位
工程质量验收情况
工程质量事故及其处理情况
竣工资料审查情况
工程质量评估结论

建 设 单 位：______________
设 计 单 位：______________
施 工 单 位：______________
监理单位（章）：______________
总监理工程师：______________
监理单位技术负责人：______________
日 期：______________

江苏省住房和城乡建设厅监制

使用说明：

1. 单位（子单位）工程、分部（子分部）工程、重要的分项工程都必须在施工单位完成合同约定的工程后，在自行检验评定的基础上书面报监理组织预验收。监理预验收中发现的问题，书面要求施工单位整改，整改完毕经监理复查合格后，监理机构由总监理工程师组织专业监理工程师编写质量评估报告，报建设单位组织分部（重要的分项）验收或竣工验收。质量验收分工程实体验收和资料验收两大部分。工程实体质量包括安全及功能性试验、检测及外观质量；资料应包括质量控制资料［各类材料、设备、构配件的质保资料（出厂合格证、出厂检测报告、质保书等）］、见证取样复试报告和工序验收记录。质量和安全及功能检测资料等。

2. 一般建筑工程需要编写工程质量评估报告，除单位工程质量评估报告外，需要编写质量评估报告的分部工程有：地基基础工程、桩基（子分部）工程、主体结构工程（钢结构子分部）、装饰工程（幕墙子分部）工程、节能工程等。

3. 单位工程竣工验收前的工程质量评估报告应按本表使用须知所列提纲编写；分部、重要的分项工程编写，应有监理单位质量控制情况的表述，相关验收检查记录应以数据说话。

4. 工程质量评估报告的最后应有明确的监理验收意见和评估结论。

监理验收意见：(1) 本单位工程（子单位）工程所含分部（子分部）工程的质量均符合设计和规范要求，验收合格；(2) 质量控制资料完整；(3) 单位工程（子单位）工程所含分部（子分部）工程有关安全和功能的检测（抽查）结果符合相关专业质量验收规范的规定，资料完整；(4) 观感质量验收符合要求。

监理评估结论：验收合格。

注意事项：

1. 如果是分部（重要的分项）工程，上述验收意见的4条有关内容中“分部”则改为“分项”；质量评估报告应依据充分、内容完整、结论正确。

2. 工程质量评估报告的编写，应在监理机构初验合格的基础上进行；质量评估报告应由有关专业的专业监理工程师编写，总监理工程师必须严格审核把关，监理企业技术负责人审查签字，盖章后报建设单位。

3. 质量控制资料应将上述资料的统计数据汇总出来。相关要求详见第五版用表使用须知中的具体规定。

A.0.16

____________________________工程

# 监理工作总结

_____年_____月_____日 至_____年_____月_____日

内容提要：
工程概况
项目监理机构
建设工程监理合同履行情况
监理工作成效
监理工作中发现的问题及其处理情况
说明和建议

监理单位(章)：____________________
总监理工程师：____________________
法 定 代 表 人：____________________
日　　　期：____________________

江苏省住房和城乡建设厅监制

使用说明：

该表使用须知和《监理工作总结》封面中已将《监理工作总结》提纲列出，这也是监理规范的要求。只要是在现场熟悉监理工作情况的总监和专业监理工程师都不难写出建立工作总结。有人说要找个“样板”，各个工程监理情况都不一样，不可能有内容一致的工作总结。

注意事项：

1. 监理工作总结应在竣工验收后，监理工作结束时向建设单位报告。

2. 监理工作总结在报送建设单位前应当经过监理单位法人审批签字。

**工程监理资料移交单**　　**A.0.17**

工程名称：　　　　　　　　　　　　编号：A.0.17—______

致：______________（建设单位）

我方现将______________工程监理资料移交给贵方，请予以审查、接收。

附件：

1. 工程监理资料清单
2. 工程监理资料整理归档文件

项目监理部（章）：______________

总监理工程师/总监理工程师代表（签字）：__________

______年______月______日

| 建设单位签收人姓名及时间 | | 项目监理机构签收人姓名及时间 | |
|---|---|---|---|

建设单位审查、接收意见：

建设单位（章）：______________

项目负责人（签字）：______________

______年______月______日

第五版表　　　　　　　　　　江苏省住房和城乡建设厅监制

使用说明：

工程竣工验收、监理合同义务完成后，现场监理机构应按委托监理合同约定和《建设工程文件归档整理规范》规定，向建设单位办理《工程监理资料移交》手续。临时借用的建设单位办公设施也应同时办理移交手续。移交时可附移交资料或物品的清单，由移交人和接受人签字。

注意事项：

1. 现场监理机构同时应当按《建设工程文件归档整理规范》和监理公司要求，整理好应当存放公司的归档资料，并及时向监理公司移交，包括竣工验收证明和业务手册等。

2. 监理单位应当协助建设单位审核施工单位的各类竣工验收资料，并由施工单位报质量主管部门审查；监理单位应当协助建设单位按当地城建档案馆要求，整理上报工程相关资料。监理机构无需直接向质量主管部门或城建档案馆移交资料。

**施工组织设计/施工方案报审表** **B.0.1**

工程名称： 编号：B.0.1 __—__

致：__________（项目监理机构）

我方已完成________________工程施工组织设计/（专项）施工方案的编制和审批，请予以审查。

附件：

☐ 1. 施工组织设计

☐ 2. __________工程安全专项施工方案

☐ 3. __________工程施工方案

☐ 4.

本次申报内容系第___次申报。

施工项目经理部（章）：________

项目经理（签字、执业章）：________

____年____月____日

| 项目监理机构签收人姓名及时间 | | 施工项目经理部签收人姓名及时间 | |
|---|---|---|---|

审查意见：

专业监理工程师（签字）： ____年____月____日

审核意见：

项目监理机构（章）：________

总监理工程师（签字、执业印章）：________

____年____月____日

| 建设单位签收姓名及时间 | | 项目监理机构签收人姓名及时间 | |
|---|---|---|---|

审批意见（仅对超过一定规模的危险性较大的分部分项工程专项方案）：

建设单位（章）：________

负责人（签字）：________

____年____月____日

注：1. 施工项目经理部至少在计划开工日期前7日提出本报审表，给项目监理机构、建设单位审查、审批留出必要的时间。

2. 本表一式三份，项目监理部、建设单位、施工单位各一份

第五版表 江苏省住房和城乡建设厅监制

使用说明：

1. 审查施工组织设计的主要依据应当是：勘察设计文件；有关技术标准、规范；《建筑施工组织设计规范》GB/T 50502—2009。

2. 施工组织设计（方案）的审查应包括程序性和符合性两个部分。程序性主要审查有无编制、审核、批准人签字，相应签字人是否符合相关资质规定，有没有盖相应的组织机构印章；符合性审查主要是指技术方面是否符合设计和规范、标准要求，有关质量、安全、环境管理的审查重点是否满足有关强制性标准。

3. 施工组织设计中的质量保证体系和措施，安全保证体系和措施（含安全责任制度等）施工进度安排，资源准备是否满足施工要求和合同规定，要认真、仔细审核，尤其是可能会增加费用的施工方法、措施、新技术的应用；有关安全的专项施工方案是否符合强制性标准，要作为重点审核。

4. 资金、劳动力、材料、设备等资源供应计划应满足工程施工需要。

5. 施工总平面布置应科学合理，应重点关注临时道路的合理走向，大型起重机械设备（如塔式起重机）的安装位置是否影响设备的安全运行。

注意事项：

1. 施工组织设计和分部、分项工程专项施工方案的监理审批时间应在相应工程开工前。施工组织设计、新技术方案和危险性较大的分部分项工程专项施工方案必须经施工单位技术负责人审批，盖单位印章；项目监理机构审批时，必须有专业监理工程师的审查意见。对超过一定规模的危险性较大的分部分项工程施工方案，施工单位应按规定组织专家论证。分包单位的安全专项施工方案也需要总包单位审批、签字、盖章。

2. 施工组织设计或施工方案需重新申报的，应及时签署意见[对一次审查未通过的施工组织设计（方案），监理应提出具体的书面意见，帮助施工单位做有针对性的修改，以提高审查效率]返回，并限期再报。每次申报的所有原始资料监理机构都必须留存，以备可查。

3. 施工组织设计（方案）审查应注意程序性、完整性、符合性、针对性；对审查出的问题，应有重新修改完善的结果（闭合性）。

4. 监理审查应签署明确意见，未经审批或审查不符合要求的，不得进行施工。

**工程开工报审表** **B.0.2**

工程名称： 编号：B.0.2—________

<table>
<tr><td colspan="4">致：________________（建设单位）<br>________________（项目监理机构）<br>我方承担的________________工程，已完成附件中所述的工程/分包工程相关准备工作，具备开工条件，申请于______年______月____日开工，请予以审核，批准。<br>☐ 设计交底和图纸会审。<br>☐ 施工组织设计/施工方案（B.0.1____—________）。<br>☐ 施工进度计划（B.3.1____—________）。<br>☐ 施工质量、安全生产管理体系（B.0.3____—________）。<br>☐ 进场道路及水、电、通信、临设等。<br>☐<br>施工单位（章）：________________<br>项目经理（签字、执业印章）：________年______月______日</td></tr>
<tr><td>项目监理机构签收人姓名及时间</td><td></td><td>施工单位签收人姓名及时间</td><td></td></tr>
<tr><td colspan="4">审核意见：<br>☐ 施工单位的施工准备工作已满足开工要求<br>☐ 施工单位的施工准备工作尚不具备相应的开工条件<br>项目监理机构（章）：________________<br>总监理工程师（签字、执业印章）：________年______月______日</td></tr>
<tr><td>建设单位签收人姓名及时间</td><td></td><td>项目监理机构签收人姓名及时间</td><td></td></tr>
<tr><td colspan="4">建设单位审批意见：<br>建设单位（章）：________________<br>建设单位代表（签字）：________年______月______日</td></tr>
<tr><td colspan="4">注：1. 施工单位应在计划开工日期7d前提出本报审表。<br>2. 施工单位未取得《工程开工令》不得擅自开工。<br>3. 本表一式三份，项目监理机构、建设单位、施工单位各一份</td></tr>
</table>

第五版表 江苏省住房和城乡建设厅监制

使用说明：

1. 施工单位的开工条件具备时，应包括：（1）施工（包括分包）单位的企业资质、安全生产许可证和项目经理资质已审查通过；（2）施工组织设计、临时用电方案、施工测量方案及施工单位的质量保证体系、安全保证体系已审查通过；（3）施工组织机构已建立，管理人员、施工人员已按计划进场；（4）施工机械设备已进场报验；（5）各项施工准备已完成，如材料报验、设备进场、测量放线等；（6）工程安全防护措施费使用计划已报审。总之，B.0.1表上的施工准备的相关报验程序已经完成，附件中4个内容都符合要求，建设单位已经完成施工图审查，工程定位控制点建设单位已经向施工、监理单位办理移交手续，建设单位已经取得由建设行政主管部门核发的建筑工程施工许可证，则应批准开工。

2. 若不符合上述条件，如项目监理机构在审查工程开工申请手续时，建设单位未能及时办理施工图审查手续，或者没有取得规划许可证、施工许可证，项目监理机构应发《监理工程师备忘录》再次提醒建设单位办理施工图审查手续，并在《工程开工报审表》上签署不同意开工的意见。

如果是施工单位原因，准备工作不充分，施工条件不具备，影响合同约定的开工时间，则应要求施工单位尽快整改，并限定达到开工条件的时限、同时表明工程总工期仍按合同约定不变。

注意事项：

1. 该类表上必须有项目经理签字，不得由他人代签。如果合同或中标通知书上的项目经理不能到场主持工作，必须有建设单位认可、到有关部门备案的变更手续，变更的项目经理应具备原项目经理相应资质和适应本工程规模、能胜任现场工程管理职责（监理应要求施工单位出具项目经理变更的报告，说明变更原因，经建设单位项目负责人签字同意后报建设主管部门备案，同时报监理留存）。

2. 监理在审核施工单位报送的表格时应首先审核施工单位是否按表中要求的附件内容报送，同时应要求施工单位将相应报审单编号对应填写在附件中。在整理资料时以开工报告为龙头，将附件的相关资料一同整理归档，包括建设单位办理的施工许可证。

3. 如属工期紧、工程量大、有社会影响的工程，因建设单位未能及时办理施工许可证手续，监理应发监理联系单或《监理工程师备忘录》，同时可在监理意见栏内写明：本工程因为上述原因，开工条件尚不具备，监理不同意开工；待工程开工条件具备后，再重新申报。但为避免现场施工质量、安全处于失控状态，因而导致质量、安全隐患或事故，监理将按有关规定要求对施工现场相关工作按程序进行监管。

**施工现场质量、安全生产管理体系报审表**　　**B.0.3**

工程名称：　　　　　　　　　　　　　　　　　　编号：B.0.3—________

致：__________________（项目监理机构）

我方施工现场质量、安全生产管理体系已建立，请予审查。

本次申报内容系第________次申报。

附件：

☐ 项目部组织机构，现场管理人员一览表、项目经理、质检员、安全员等专职管理人员的岗位证书。

☐ 施工单位安全生产许可证。

☐ 质量、安全生产管理制度。

☐ 特种作业人员操作资格证书。

☐

施工项目经理部（章）：______________

项目经理（签字）：________年________月________日

| 项目监理机构签收人姓名及时间 | | 施工项目经理部签收人姓名及时间 | |
|---|---|---|---|

审查意见：

专业监理工程师（签字）：______________　______年______月______日

审核意见：

项目监理机构（章）：______________

总监理工程师/总监理工程师代表（签字）：______________　______年______月______日

注：1. 承包单位项目经理部应在计划开工7日前提出本报审表。

2. 本表一式三份，项目监理机构、建设单位、施工单位各一份

第五版表　　　　　　　　　　　　　　江苏省住房和城乡建设厅监制

使用说明：

1. 此表应在《工程开工报审表》报审和计划开工 7 日之前报送监理审核。

2. 监理应审查附件 1～4 中的内容是否符合要求。

注意事项：

要审查施工单位的资料：

1. 需审查“安全事故应急救援预案”的 5 个方面是否符合要求：(1) 工程概况；(2) 项目经理部安全管理人员基本情况；(3) 现场安全救援组织（责任人职务/电话）；(4) 救援器材/设备；(5) 救护单位（名称）的电话/车辆行驶路线等。

2. 监理不但要审查复核原件，还应检查到岗情况，否则应采取相应措施。

3. 总包单位、分包单位均须申报施工安全生产管理体系报审表；对于劳务分包单位，也要求选择有施工单位安全生产许可证的单位，并按规定配备专职安全生产管理人员。

4. 经审查符合要求，专业监理工程师和总监应签署具体意见；如不符合要求，则应明确指出不符合项，并要求施工单位补充完善后再报，并要求现场尽快完善质量、安全生产管理体系。

**分包单位资质报审表** **B.0.4**

工程名称： 编号：B.0.4—________

致：________________（项目监理机构）

经考察，我方认为拟选择的________________（分包单位）具有承担下列工程的施工资质和能力，可以保证本工程按施工合同第____________条款的约定进行施工。请予以审查。

| 分包工程名称（部位） | 分包工程量 | 分包工程合同额 |
|---|---|---|
| | | |
| | | |
| 合计 | | |

附件：

☐ 分包单位资质材料：营业执照、资质证书、安全生产许可证等。

☐ 分包单位类似工程业绩。

☐ 分包单位专职管理人员和特种作业员的资格证。

☐ 施工单位对分包单位的管理制度。

☐

施工项目经理部（章）：____________

项目经理（签字）：________ ________年____月____日

| 项目监理部签收人姓名及时间 | | 施工单位签收人姓名及时间 | |
|---|---|---|---|

审核意见：

专业监理工程师（签字）：____________ ________年____月____日

| 建设单位签收人姓名及时间 | | 项目监理机构签收人姓名及时间 | |
|---|---|---|---|

审批意见：

项目监理机构（章）：____________

总监/总监理工程师（签字）：________ ________年____月____日

注：1. 施工单位项目经理部一般应在分包工程开工7日前提出本报审表。

2. 施工单位应在分包工程开工前向建设单位和监理单位提交分包合同副本。

3. 本表一式三份，项目监理部、建设单位、施工单位各一份

第五版表 江苏省住房和城乡建设厅监制

使用说明：

1. 分包工程应符合建筑法、质量管理条例及分包工程的相关规定。实施施工总承包的，总承包单位不得将主体结构工程分包；总承包单位不得将工程分包给不具备相应资质条件的单位，禁止分包单位将其承包的工程再分包。

2. 分包单位必须具备所承包工程的相应专业的营业范围和资质等级，并具备类似工程的业绩。分包单位资格审批，无论同意还是不同意，专业监理工程师和总监都应当明确签署审核意见。

注意事项：

1. 主体结构工程的劳务分包单位应选择符合表中 4 项条件的单位。

2. 分包单位，包括工程设备材料供应商、工程测量、监测、检测、试验机构的资质是否具备承接本工程相关任务的能力，监理机构应认真审查、确认。审查应核对分包单位企业营业执照、资质证书（等级、业务范围是否符合要求，如钢结构、幕墙）、安全生产许可证、项目经理、主要技术、管理人员、特种作业人员的资质证书原件、机具装备情况、相关业绩等有关资料，并留复印件备案，所有证书必须在年检期限内（一般为 1～2 年年检一次）。所有复印件均应要求施工单位注明“原件存放处”；监理审核后应在审核汇总表内注明审核人和审核意见（与原件核对无误）。

3. 监理审核分包单位进场，还应经建设单位同意。监理机构审核未同意前，分包单位不得进场施工。

**施工试验室报审表** **B. 1. 1**

工程名称： 编号：B. 1. 1—________

<table>
<tr><td colspan="4">致：__________________（项目监理机构）<br>我方已建成为工程提供服务的试验室，请予以审查。<br>附件：<br>□ 试验室的资质等级及试验范围<br>□ 法定计量部门对计量设备、器具出具的计量检定证明<br>□ 试验室管理制度<br>□ 试验人员资格证书<br>□<br><br>施工项目经理部（章）：____________<br>项目经理或项目技术负责人（签字）：________<br>________年____月____日</td></tr>
<tr><td>项目监理机构签收人姓名及时间</td><td></td><td>施工项目经理部签收人姓名及时间</td><td></td></tr>
<tr><td colspan="4">审查意见：<br><br>项目监理机构（章）：________________<br>专业监理工程师：__________________<br>________年____月____日</td></tr>
</table>

第五版表 江苏省住房和城乡建设厅监制

使用说明：

1. 在现场正式开工前，施工单位应将为本工程提供服务的相关试验室的有关资料报监理审核。

2. 试验室的资质条件应符合 B. 1. 1 中附件的 4 项内容，并满足本工程的规模、质量、进度控制等要求。

3. 本表所指的施工试验室是指某些专业工程要求施工单位必须在施工现场设立试验室的，或施工单位在现场设立的混凝土、砂浆试件的标准养护室，需要填写《施工试验室报审表》。

注意事项：

1. 现场取样的材料、构配件取样时，具有见证取样资格的监理人员应在场见证，并直至送至试验场所。

2. 施工单位应在需要送检试验的材料使用前取得试验结果，在提交试验报告的复印件上签字盖章，注明原件存放何处。

3. 对现场试验室的相关工作，监理人员应适当进行巡查。

**施工控制测量成果报验表** **B. 1. 2**

工程名称： 编号：B. 1. 2—______

<table>
<tr><td colspan="4">致：____________________（项目监理机构）<br><br>我方已完成____________________的施工控制测量，经自检合格，请予以查验。<br>附件：<br>☐ 施工控制测量依据资料：测绘基准点、规划红线等。<br>☐ 施工控制测量成果表。<br>☐<br><br>本次报验内容系第______次报验。<br><br>施工项目经理机构（章）：____________________<br>项目经理（签字）：____________________<br>______年______月______日</td></tr>
<tr><td>项目监理机构签收人姓名及时间</td><td></td><td>施工项目经理部签收人姓名及时间</td><td></td></tr>
<tr><td colspan="4">检查、复核意见：<br><br>项目监理机构（章）：____________________<br>专业监理工程师（签字）：____________________<br>______年______月______日</td></tr>
<tr><td colspan="4">注：本表一式三份，项目监理部、建设单位、施工单位各一份</td></tr>
</table>

第五版表 江苏省住房和城乡建设厅监制

使用说明：

1. 施工单位应事先提供测量施工方案报监理审批。

2. 本表施工单位应提前 24h 报监理，施工单位应按工程测量规范要求建立控制桩，并有相应的保护措施。

3. 对单位工程的定位复核，现场监理机构在收到测量报验单后，应组织土建专业监理工程师到现场检查测量情况是否符合要求，再通知测量监理工程师到场复测。

注意事项：

1. 单位（子单位工程）工程的定位放线基准点（规划红线及测绘成果），建设单位应向施工、监理进行交底，三方代表（技术负责人、专业监理工程师）办理书面移交手续。

2. 监理应对施工单位的定位放线测量记录进行复核，并有平行检查（测量）记录，要有测量复核结果说明，并在原始记录上签字，施工单位放线测量报验应附定位放线图。施工测量报验单上监理机构的专业监理工程师要签字，并说明监理复核结果及结论（施工现场监理复核往往容易犯这样的错误：监理测量工程师只在《施工测量报验单》上填写核验结果及结论，忽视了在原始测量验收记录上签字，并注明复核数据和核验结论，而测量验收记录表是要在竣工验收后移交城建档案馆永久保存的，切不可忽视）。

3. 单位（子单位工程）工程总定位及桩基工程总定位由监理单位的专业测量工程师负责复核，现场每根桩位（平面位置及桩顶、桩底标高）及主体结构、装饰、安装等分部分项工程的定位（轴线、标高）复核均应由现场监理机构相关专业监理工程师（监理员）完成。

4. 测量报验单后所附的测量记录表，应附有测量定位示意图，施工单位的测量人员应签字，监理复核人应将自己的复核数据写上，并注明复核结论，不应只写符合要求，没有自己的复测数据。测量原始记录（有测量数据、图表）上应有施工单位测量人、监理复核人共同签字方可有效。

5.《施工测量报验单》上应填写是第________次报验和收到施工测量资料多少页，往往容易忽视不填。

**工程材料、构配件、设备报审表** **B. 1. 3**

工程名称： 编号：B. 1. 3 ＿—＿＿＿＿

致：＿＿＿＿＿＿＿＿（项目监理机构）

于＿＿＿＿年＿＿＿月＿＿＿日进场的拟用于工程＿＿＿＿＿＿＿＿部位的＿＿＿＿＿＿＿＿，经我方检验合格，现将相关资料报上，请予以审查。

附件：

☐ 工程材料/构配件/设备清单：

☐ 质量证明文件：

☐ 自检结果：

☐ 复试报告

本次报审内容系第＿＿＿＿次报审。

施工项目经理部（章）：＿＿＿＿＿＿＿＿

项目经理（签字）：＿＿＿＿＿＿＿＿

＿＿＿＿年＿＿＿月＿＿＿日

| 项目监理机构签收人姓名及时间 | | 施工项目经理部签收人姓名及时间 | |
|---|---|---|---|

审查意见：

☐ 同意使用。 ☐ 不同意使用。

＿＿＿＿＿＿＿＿＿＿＿＿＿＿＿＿＿＿＿＿＿＿＿＿＿＿＿＿＿＿

项目监理机构（章）：＿＿＿＿＿＿＿＿

专业监理工程师（签字）：＿＿＿＿＿＿＿＿

＿＿＿＿年＿＿＿月＿＿＿日

注：1. 本报审表分为工程材料报审（B. 1. 31）、工程构配件报审（B. 1. 32）、工程设备报审（B. 1. 33）。

2. 大型设备开箱检查建设单位、设计单位代表应参加，并应签字确认

第五版用表 江苏省住房和城乡建设厅监制

使用说明：

□　同意　打√

经验收，该批材料（设备）规格、型号符合要求，质保资料完整，同意使用（或同意安装）。

□　不同意使用　打×

写出不同意理由

对按规定需要见证取样复试的，应在复试合格后才能批准使用、签批；大型设备的开箱检查，建设、设计单位应派代表参加，并在验收表上签字。

注意事项：

1. 施工单位进行材料报验时，对需抽检复试的材料，应符合主管部门有关工程材料见证取样的相关规定；报验单后需附复试报告，进场后抽样送检的材料，复试结果出来后，将复试报告附后。注意：监理签署的日期应在复试报告日期之后。

2. 监理核查质保资料原件，核对原件符合要求后，监理留复印件归档；有的材料缺原件，其复印件上应加盖原件存放单位印章。

3. 设备进场报验，主要核对型号、性能参数、生产厂家、外观、质量、出厂合格证、质保书、随机附件及随机资料，进口设备应提供商检报告、原产地证明。

4. 监理不签认进场材料数量，但对于分批或零星进场的材料应要求施工单位将每次进场数量报出，监理应按有关规定对每批次数量进行抽样送检。对质量不合格材料，监理应书面通知承包单位限期退场。

5. 无论材料还是设备，监理都要到现场进行外观检查、验收，就材料、设备的出厂合格证及质保资料进行核对。所有原材料的质保和复试资料，都要建立台账，台账应与有关资料相符。

6. 有些（如保温、幕墙等）材料送检复试周期较长，监理应提醒施工单位尽早进场报验送检，否则影响工期。

7. 未经监理验收或验收不合格的材料、构配件、设备，监理一律不得当合格签字，并且采取措施，一律不得用于工程中。

## 工程质量报验表

**B. 1. 4**

工程名称：　　　　　　　　　　　　　　　　　　　　编号：B. 1. 4—________

致：________________（项目监理机构）

我方已完成____________________工作，经自检合格，请予以验收

附件：

☐ 隐蔽工程质量检验资料

☐ 检验批质量检验资料

☐ 分项工程质量检验资料

☐ 测量放线资料

☐

施工项目经理部（章）：____________________

项目经理或项目技术负责人（签字）：____________________

年　　月　　日

| 项目监理机构签收人姓名及时间 | | 施工项目经理部签收人姓名及时间 | |
|---|---|---|---|

监理验收及平行检验情况：

1. 收到施工单位自检资料和验收记录表共______页，该报验内容系第______次报验。

检查人（签字）：____________　　年　　月　　日

监理验收意见：

☐ 验收合格，可进行后续施工。

☐ 验收不合格，不得进入下道工序施工，应于______月______日前整改完毕自检合格后重新报验。

项目监理机构（章）：____________________

专业监理工程师（签字）：________________

年　　月　　日

注：本报验表为隐蔽工程质量报验（B. 1. 41）、检验批质量报验（B. 1. 42）、分项工程质量报验（B. 1. 43）、测量放线报验（B. 1. 44）及其他报验（B. 1. 4__）

第五版表　　　　　　　　　　　　　　　　江苏省住房和城乡建设厅监制

使用说明：

1. 工序报验单中的“监理抽查数据和情况记录”一栏中应填写以下内容：

(1) 收到施工单位相应自评检查资料和验收记录共××页，收到时间：××时××分(该时间可精确到10min)。在现场监理实践中，往往发现许多监理人员对此表的填写不规范，主要表现在：①监理机构和单位签收人未及时签字，或签字时间逻辑错误；②监理抽查数据及情况记录不详；③收到施工单位相应自评、进场资料和验收记录表页数以及收到时间等均未填；④参加检查的人没有全写上。

(2) 监理检查人中，凡是参加现场检查的监理人员都可签字。

2. 监理审查意见一栏中：

(1) 如验收符合要求，在“可进行后继施工”方框内打“√”。

(2) 如验收不符合要求，在“核验未通过，不得进入下道工序，整改后再报”方框内打“√”。

(3) 对于附件中需要进行质量验评的工序验收记录表，监理应依据现行国家标准《建筑工程施工质量验收统一标准》GB/T 50300，按“主控项目、一般项目”的检查要求和抽检频率进行查验并记录结果。验收意见上可填写：“符合（或不符合）设计和规范要求”。监理验收结论一栏必须明确表示该工序验收“合格”还是“不合格”。

注意事项：

1. 根据《建筑工程施工质量验收统一标准》中的强制性标准规定，“工程质量验收均应在施工单位自行检查评定的基础上进行”。施工单位如果所报验的工作尚未全部完成，或还未自行检查评定，或者与设计及规范要求相差较大，监理应当拒绝验收，并签署明确意见后及时退回，监理部须保留底稿，报验单不得长期滞留在监理方不予处理，否则，按照建设工程施工合同规定，超过规定的时间，即应视为认可。

2. 所有的施工单位报审资料上，都必须是施工承包合同中的项目经理本人签字，既不可打印，也不可代签。

3. 工序质量报验单中的项目监理机构和施工单位签收人姓名，相关单位的现场项目部人员都可以签收，并注明具体的收到时间。

4. 对重要的分部分项工程，如浇筑混凝土的模板支撑体系、深基坑、梁柱节点的钢筋隐蔽工程，监理尽可能地组织中间验收，中间验收时发现存在问题，应要求施工单位及时处理和纠正，同时在表中验收记录上反映出来。

**混凝土浇筑报审表**　　**B. 1. 5**

工程名称：　　　　　　　　　　　　　　　　　　编号：B. 1. 5—______

<table>
<tr><td colspan="4">致：______（项目监理机构）<br>我方已完成______部位的钢筋、模板、水电安装和预埋件等工作，并已经项目监理机构的验收合格。<br>□　土建工序质量报审表（B. 1. 4______，______，______）<br>□　安装工序质量报审表（B. 1. 4______，______，______）<br>□　施工方案报审表（B. 0. 1______）<br>□<br>现混凝土浇筑准备工作已就绪，申请于____月____日____时至____月____日____时浇筑混凝土，请予以批准</td></tr>
<tr><td>混凝土生产单位</td><td></td><td>混凝土设计坍落度</td><td></td></tr>
<tr><td>混凝土强度等级</td><td></td><td>混凝土预计浇筑量</td><td></td></tr>
<tr><td>混凝土质保资料编号</td><td></td><td>施工值班负责人</td><td></td></tr>
<tr><td colspan="4">施工项目经理部（章）：______<br>项目经理（签字）______<br>____年____月____日</td></tr>
<tr><td>项目监理部签收人姓名及时间</td><td></td><td>施工项目经理部签收人姓名及时间</td><td></td></tr>
<tr><td colspan="4">审查意见：<br>______<br>______<br>专业监理工程师（土建）（签字）：______　____年____月____日<br>专业监理工程师（安装）（签字）：______　____年____月____日</td></tr>
<tr><td colspan="4">审核意见：<br>□　同意　　　□　不同意<br>项目监理机构（章）：______<br>总监理工程师/总监理工程师代表（签字）：______<br>____年____月____日</td></tr>
<tr><td colspan="4">注：1. 施工单位项目经理部应在混凝土浇筑前提出本报审表，未获批准不得擅自浇筑混凝土。<br>2. 安装等工序是平行发包的，则其工序报审栏的编号由项目监理机构补填。<br>3. 如现场自拌混凝土，还应提供原材料报审表及人、料、机准备情况</td></tr>
</table>

第五版表　　　　　　　　　　　　　　　　　　江苏省住房和城乡建设厅监制

使用说明：

本表报审前，施工单位应有经过监理审批的《混凝土浇筑方案》。

1. 混凝土结构工程工序质量报验单，一般附有钢筋制作、钢筋安装、模板安装验收记录；通常还应有安装工序质量报验单（一般主体结构施工期间为预埋件、预埋管线、预留洞等）。

2. 使用商品混凝土的工程，应提供商品混凝土生产合格证。

3. 混凝土浇筑报审表中的土建、安装专业监理工程师签字后总监方可同意浇筑混凝土。

4. 如果专业监理工程师对工序报验单中的报验项目验收未通过，应在工序报验单上明确签署不通过的理由，要求整改后再报；专业监理工程师和总监均应在混凝土浇筑报审表中签署不同意浇筑混凝土的意见，并将上述文件签批后及时返还给施工单位，监理机构留存一份。

注意事项：

1. 施工单位应在计划浇筑混凝土前 24d 报审。总监理工程师在签署混凝土浇筑报审表之前，涉及土建、安装各专业的工序验收均须通过，且已签署合格验收意见；混凝土原材料质保书、配合比单，钢筋的复试报告，钢筋连接接头的试验报告等质量控制资料须齐全、合格。相关资料归档时，以混凝土浇筑报审表为龙头，附各专业验收资料及混凝土原材料质保书、配合比单、混凝土合格证等一并归档。

2. 在签署混凝土浇筑申请表之前，施工单位应已做好浇筑混凝土的各项准备工作，包括混凝土养护的各项准备工作。如遇大雨等不利环境，在混凝土质量得不到保证的情况下，监理应不同意浇筑混凝土。

3. 混凝土浇筑时监理人员旁站应按监理公司发布的旁站制度和监理规划中的旁站方案要求，施工单位相关人员（质检员、安全员）必须到岗组织管理，保证施工方案的实施。

4. 特别需要提醒的是，浇筑混凝土时因模板支撑体系失稳而整体坍塌的重大安全事故时有发生。混凝土浇筑前，监理人员除验收模板的结构位置、外形尺寸外，还应当把模板支撑体系的验收作为必验项目，超过一定规模危险性较大的模板支撑，应严格按照经过专家论证完善过、经批准的方案检查验收，最好提前进行一次中间验收，凡是不符合要求的，坚决不得验收通过，不得同意浇筑混凝土。

**分部（子分部）工程报验表** **B.1.6**

工程名称： 编号：B.1.6—______

<table>
<tr><td colspan="4">致：____________（项目监理机构）<br>我方已完成____________分/子分部工程，经自检合格，请予以验收。<br>附件：<br>☐ 施工单位验收报告<br>☐ 分部（子分部）工程所含分项工程的质量验收资料<br>☐ 质量控制资料<br>☐ 相关安全和功能检测资料<br>☐ 观感质量验收资料<br><br>施工项目经理部（章）：____________<br>项目经理（签字）____________<br>____年____月____日</td></tr>
<tr><td>项目监理机构签收人姓名及时间</td><td></td><td>施工项目经理部签收人姓名及时间</td><td></td></tr>
<tr><td colspan="4">验收意见：<br><br>专业监理工程师（签字）：____________<br>____年____月____日</td></tr>
<tr><td colspan="4">审核意见：<br><br>项目监理部（章）：____________<br>总监理工程师/总监理工程师代表（签字）：____________<br>____年____月____日</td></tr>
<tr><td colspan="4">注：本表一式三份，项目监理部、建设单位、施工单位各一份</td></tr>
</table>

第五版表 江苏省住房和城乡建设厅监制

使用说明：

1. 监理机构在接到分部工程报验单后，应按《建筑工程施工质量验收统一标准》和设计文件的要求以及上表中的内容，及时组织相关单位进行分部工程验收，对存在的问题书面通知施工单位有针对性的整改，经复查合格后予以回复，并向建设单位作质量评估报告。

2. 监理机构应当组织竣工预验收组，预验收组由建设、施工、（勘察）设计、监理 4 方代表参加，预验收组成员应当由相关专业技术人员和各单位项目负责人参加，一般工程可以按土建、安装专业分两个小组。

注意事项：

1. 分部工程验收应符合下列条件：

(1) 承包合同内的工程量已经全部完成。

(2) 分部/分项工程的质量均应自检评定合格（符合设计及规范要求）。

(3) 质量控制资料［各类材料、构配件、设备的质保资料（原材料出厂合格证、质保书）、特种材料的型式检验报告、出厂检验报告、进场后的见证取样复试报告和各种工序质量验收记录等］应完整。

(4) 分部（子分部）工程涉及安全和功能的检验和抽样检测、检查结果应符合专业质量验收标准的规定，资料齐全。

(5) 观感质量验收符合要求。

2. 预验收小组应分别对现场工程实体质量和竣工资料进行检查，并依据《建设工程文件归档整理规范》和当地城建档案部门、建设单位、质量主管部门要求，对各类工程资料进行逐项查核，不得有遗漏和缺项，必须完整、有效。

3. 对预验收中发现的不合格项，监理应及时签发《工程质量整改通知》，要求承包单位整改，承包单位整改完成，应填报《监理工程师通知单回复单》，由专业监理工程师及时进行复查，直至符合要求。

**工程计量报审表** B.2.1

工程名称： 编号：B.2.1—______

致：__________________（项目监理机构）

兹申报________年_____月_____日至_________年______月______日完成的________________________________合格工程量，请予以审核。

类别：□ 1. 合同内工程量

□ 2. 变更工程量

附件：

□ 1. 工程变更通知

□ 2. 计算书等证明材料

□

施工项目经理部（章）：__________________

项目经理（签字）__________________

年　　月　　日

| 项目监理机构签收人姓名及时间 | | 施工项目经理部签收人姓名及时间 | |
|---|---|---|---|

审查意见：

专业监理工程师（签字）：__________　　年　　月　　日

审核意见：

项目监理机构（章）：________________________________

总监理工程师/总监理工程师代表（签字）：______________

________年________月________日

注：1. 项目监理机构一般应在自收到本报审表之日起7日内完成计量审核工作，予以回复。

2. 本表一式二份，项目监理机构、施工单位各一份

第五版表　　江苏省住房和城乡建设厅监制

使用说明：

工程计量的主要依据：

1. 承包合同中关于计量、付款方式、变更规定、合同附件。

2. 技术标、商务标（工程预算）。

3. 设计变更、技术核定单、工程变更单、建设单位通知单、专题会议纪要等。

4. 符合合同要求的相关签证。

注意事项：

1. 合同内工程量应参照合同计价依据的工程预算价审核；合同造价外变更的工程量，必须有建设、施工、监理共同认可的书面依据方可计量。工程计量、签证的计算方式必须规范、准确、真实。

2. 所有计量报审，施工单位都必须附有计算书和计量说明，否则监理不予审核。

3. 未经监理验收或监理验收不合格的工程均不得计量。

4. 专业监理工程师应对申报的工程量进行逐一审核，对不符合之处，必须翔实注明，并签署最终认定的工程量，明确提出审查意见或结论，作为工程款支付申请的依据。当专业监理工程师审核时发现所报工程量与实际情况出入较大时，可以要求施工单位重新编制后再报。

5. 需要现场复核时，专业监理工程师应提前通知承包单位派相关人员到场共同复核，必要时应有建设单位或审计共同参加。

6. 需要在合同外另行计量的，施工单位应当依据有关规定及时报审，在隐蔽工程内的应当在隐蔽前报审复核，否则不予计量；监理单位收到计量报审后，应在规定的时间内予以计量，不得拖延。

**费用索赔报审表** **B.2.2**

工程名称： 编号：B.2.2—______

<table>
<tr><td colspan="4">致：______（项目监理机构）<br>根据施工合同______条款，由于______的原因，我方申请索赔金额（大写）______，请予以批准。<br>索赔理由：______。<br>附件：<br>☐ 索赔金额的计算<br>☐ 证明材料<br>☐<br><br>施工项目经理部（章）：______<br>项目经理（签字、执业印章）：______ ______年______月______日</td></tr>
<tr><td>项目监理机构签收人姓名及时间</td><td></td><td>施工项目经理部签收人姓名及时间</td><td></td></tr>
<tr><td colspan="4">审核意见：<br>☐ 不同意此项索赔。<br>☐ 同意此项索赔，索赔金额为（大写）______。<br>同意/不同意索赔的理由：<br>附件：☐ 索赔审查报告<br>项目监理机构（章）：______<br>总监理工程师（签字、执业印章）：______ ______年______月______日</td></tr>
<tr><td>建设单位签收人姓名及时间</td><td></td><td>项目监理机构签收人姓名及时间</td><td></td></tr>
<tr><td colspan="4">审批意见：<br><br>建设单位（章）：______<br>负责人（签字）：______ ______年______月______日</td></tr>
<tr><td colspan="4">注：1. 项目监理机构应在收到索赔报告后14d内完成审核并报建设单位。<br>2. 建设单位应在监理机构收到索赔报告或有关索赔的进一步证明材料后的28d内，由监理机构向施工单位出具经发包人签认的索赔处理结果。<br>3. 本表一式三份，项目监理部、建设单位、施工单位各一份</td></tr>
</table>

第五版表 江苏省住房和城乡建设厅监制

使用说明：

1. 项目监理机构应在收到索赔报告后 14d 内完成审核并报建设单位。

2. 建设单位应在监理机构收到索赔报告或有关索赔的进一步证明材料后 28d 内，由监理机构向施工单位出具经发包人签认的索赔处理结果。

3. 监理在审核前应当掌握与工程索赔相关的证明材料（申报单位提供）

4. 施工单位和监理单位，申报和审批费用索赔，都应在合同规定的期限内进行。

5. 施工单位费用索赔的理由和经过，必须依据充分，经过翔实、清晰，索赔金额计算应当规范。

注意事项：

1. 监理机构批准费用索赔应同时满足下列 3 个条件：（1）施工单位在施工合同约定的期限内提出索赔；（2）索赔事件是非施工单位原因造成，不可抗力除外；（3）索赔事件造成施工单位直接经济损失。

2. 索赔与否及认可数额，监理在认可前均应征求建设单位意见。

3. 索赔与反索赔，监理应当以合同为依据，以事实为原则，作出公平、合理的处理意见。监理应充分掌握与工程索赔相关的证明材料。索赔申请必须同时符合以下 3 个条件：索赔事件造成了承包单位损失；索赔事件非承包单位的责任发生；承包单位已按照施工合同规定的期限和程序提出费用索赔申请表，并附有索赔凭证材料。

## 工程款支付报审表

**B.2.3**

工程名称：　　　　　　　　　　　　　　　　　　　　编号：B.2.3—________

<table>
<tr><td colspan="4">致：________________（项目监理机构）<br>根据施工合同约定，我方已完成________________工作，建设单位应在_____年_____月_____日前支付该项工程款共计（大写）________________（小写：______________），现将有关资料报上，请予以审核。<br>附件：<br>□ 1. 已完工程量报表<br>□ 2. 本付款周期内的费用索赔报审表<br>□ 3. 本付款周期内的安全文明施工费<br>□ 4. 工程竣工结算证明材料<br>□ 5. 相应支持性证明文件<br>□<br><br>施工项目经理部（章）：________________<br>项目经理（签字、执业印章）：________ _____年_____月_____日</td></tr>
<tr><td>项目监理机构签收人姓名及时间</td><td></td><td>施工项目经理部签收人姓名及时间</td><td></td></tr>
<tr><td colspan="4">审查意见：<br>1. 施工单位应得款为：<br>2. 本期应扣款为：<br>3. 本期应付款为：<br>附件：相应支持性材料<br><br>专业监理工程师（签字）：________ _____年_____月_____日</td></tr>
<tr><td colspan="4">审核意见：<br><br>项目监理机构（章）：______________<br>总监理工程师（签字、执业印章）：________ _____年_____月_____日</td></tr>
<tr><td>建设单位签收人姓名及时间</td><td></td><td>项目监理机构签收人姓名及时间</td><td></td></tr>
<tr><td colspan="4">审批意见：<br>建设单位（章）：______________ _____年_____月_____日<br>负责人（签字）：______________</td></tr>
<tr><td colspan="4">注：1. 监理机构应在收到施工单位进度付款报审表以及相关资料后7d内完成审核并报建设单位。<br>2. 建设单位应在监理机构收到进度付款报审表或有关付款申请的进一步证明材料后的14d内，完成审批并由监理机构签发进度款支付证书。<br>3. 本表一式四份，项目监理部、建设单位各一份，施工单位两份</td></tr>
</table>

第五版表　　　　　　　　　　　　　　　　　　　　江苏省住房和城乡建设厅监制

使用说明：

1. 工程款支付申请，监理审批的依据是施工合同，必须是经监理验收合格的工程量。

2. 工程款支付申请一般以工程计量报审和工程索赔报审为依据，同时应附计算书。支付工程进度款应以实际完成的经监理验收合格的工程量为准。以合同价为依据的工程量清单可作为支付进度款的测算依据。

3. 监理的审核应符合报审表中“附件”和“注”的要求。

4. 监理收到工程款支付申请表后，应及时组织审核，如有异议，及时告知施工单位。

注意事项：

1. 计量依据是工程预算（合同认可的商务标）书面变更文件以及工程量计价规范规定的相关计算方法。

2. 价格应是合同确定或经建设单位认可的单价（或由建设、审计单位认可）。

3. 工程结算应在竣工验收合格后进行。工程竣工后的结算款支付，监理应注意以下几点：

（1）承包方应交的竣工验收资料（包括质量控制资料、备案资料、竣工验收证明材料、竣工图等）。

（2）竣工验收时，需要继续整改的事项落实情况。

（3）建设单位需要施工单位在合同范围内处理的事项。

以上事项是否落实，否则监理应迟缓签署支付申请。

4. 一般情况下，审核依据合同约定的形象进度款时，建设单位只要求监理审核已完成的工程量；竣工结算审核，建设单位只要求监理审核施工过程中变更的工程量和依据合同规定签订的工程量，实际工程量与预算工程量清单（商务标）不符合的工程量，监理无需全面复核，一般由审计或建设单位自行完成。

## 施工进度计划报审表

B. 3. 1

工程名称： 编号：B. 3. 1 __—________

<table>
<tr><td colspan="4">致：____________________（项目监理机构）<br>根据施工合同约定，我方已完成____________________工程__________年______月______日至______年______月______日的进度计划的编制和批准，请予以审查。<br>附件：<br>□ 1. 工程总进度计划<br>□ 2. 工程月进度计划<br>□ 3. 其他阶段计划<br>□ 4. 有关措施和相关资料<br>□<br><br>施工项目经理部（章）：________________________<br>项目经理（签字）：______________________________ ______年______月______日</td></tr>
<tr><td>项目监理机构签收人姓名及时间</td><td></td><td>施工项目经理部签收人姓名及时间</td><td></td></tr>
<tr><td colspan="4">审查意见：<br><br>项目监理机构（章）：<br>专业监理工程师（签字）：__________ ______年______月______日</td></tr>
<tr><td colspan="4">审核意见：<br><br>项目监理机构（章）：____________________<br>总监理工程师/总监理工程师代表（签字）__________ ______年______月______日</td></tr>
<tr><td colspan="4">注：1. 进度计划报审表施工项目经理部应提前 7 日提出，项目监理机构应于 7d 内完成审核工作。<br>2. 本表一式三份，项目监理机构、建设单位、施工单位各一份</td></tr>
</table>

第五版表 江苏省住房和城乡建设厅监制

**工程临时/最终延期报审表**　　**B. 3. 2**

工程名称：　　编号：B. 3. 2—________

致：____________（建设单位）
____________（项目监理机构）

根据施工合同____________条款，由于____________原因，我方申请工程临时/最终延期________天，请予以批准。

附件：

☐ 1. 工程延期的依据及工期计算

☐ 2. 证明材料

☐

施工项目经理部（章）：____________

项目经理（签字、执业印章）：____________ ______年______月______日

| 项目监理机构签收人姓名及时间 | | 施工项目经理部签收人姓名及时间 | |
|---|---|---|---|

审核意见：

☐ 同意工程临时/最终延期________天。工程竣工日期从施工合同约定的______年______月______日延至______年______月______日。

☐ 不同意延期，请按约定的竣工日期组织施工。

同意/不同意工期延长的理由：

项目监理机构（章）：____________

总监理工程师（签字、执业印章）：____________ ______年______月______日

| 建设单位签收人姓名及时间 | | 项目监理机构签收人姓名及时间 | |
|---|---|---|---|

审批意见：

建设单位（章）：____________

负责人（签字）：____________ ______年______月______日

注：本表一式三份，项目监理部、建设单位、施工单位各一份

第五版表　　江苏省住房和城乡建设厅监制

使用说明：

延长工期审核，要求承包单位提供延长的依据、工期计算、延长天数及相关证明材料。

注意事项：

1. 项目延长工期审核应慎重，要注意以下几点：

监理机构批准工程延期应同时满足3个条件：(1) 施工单位在合同约定的期限内提出工程延期；(2) 因非施工单位原因造成施工进度滞后；(3) 因不可抗拒的自然因素。

2. 施工进度滞后影响到施工合同，监理应正确分清延期责任，作出妥善处理。在确认是否延期前要征求有关各方意见，监理同意延长工期天数的意见应征求建设单位意见。

3. 监理应掌握与工程延期或延误的证明材料，按规范规定的程序或合同约定，审查工程延期。属于施工单位原因耽误的工期为工期延误，不得同意施工单位申请延期的请求。

**施工起重机械设备安装/使用/拆卸报审表**　　**B.4.1**

工程名称：　　　　编号：B.4.1＿—＿＿＿

致：＿＿＿＿＿＿＿＿＿（项目监理机构）

根据工程施工需要，＿＿＿＿＿＿＿＿＿＿工程（单位/分部）拟安装/使用/拆卸＿＿＿＿＿＿＿＿起重机械设备，我方已完成自检工作。请予以审核。

附件：

设备安装：

☐ 设备清单（如名称、产地、规格、数量等）。

☐ 设备制造许可证、产品合格证、制造监督检验证明、备案证明。

☐ 设备安装、拆卸单位的资质和人员的资格。

☐ 设备安装、拆卸施工方案。

设备使用：

☐ 专业检测单位检测报告、复试报告、合格证。

☐ 建设行政主管部门或其他相关部门登记的证明。

☐ 设备操作人员的上岗资格。

☐ 设备操作和维护保养管理制度。

设备拆卸：

☐ 设备拆卸单位的资质和人员资格。

☐ 设备拆卸方案。

本次报验内容系第＿＿＿次报验。

施工项目经理部（章）：＿＿＿＿＿＿＿＿

项目经理（签字）：＿＿＿＿　＿＿年＿＿月＿＿日

| 项目监理机构签收人姓名及时间 | | 施工项目经理部签收人姓名及时间 | |
|---|---|---|---|

审查意见：

☐ 同意进场　☐ 不同意进场

☐ 同意使用　☐ 不同意使用

☐ 同意拆卸　☐ 不同意拆卸

项目监理机构（章）：＿＿＿＿＿＿＿＿

专业监理工程师（签字）：＿＿＿＿＿＿＿＿

总监理工程师/总监理工程师代表（签字）：＿＿＿＿

＿＿年＿＿月＿＿日

注：1. 本报审表分为设备安装报审（B.4.11）、设备使用报审（B.4.12）、设备拆卸报审（B.4.13）。

2. 凡危险性较大的施工起重机械、整体提升式脚手架、模板等自升式架设设施和安全设施安装、使用和拆卸均必须向监理机构分别报审，批准后才可进行所申请的工作。

3. 本表一式两份，项目监理机构、施工单位各一份

第五版表　　江苏省住房和城乡建设厅监制

使用说明：

1. 该表为承包单位向项目监理机构报审用于本工程施工的设备进场前、使用前、拆卸前的专项用表。结合建设工程实践中的经验和教训，针对施工起重机械设备技术专业性强、安全事故危害性大、后果严重的特点，按照部、省关于建筑起重机械的有关规定，要求监理单位审查工程起重机械设备的进场和使用材料（详见上表的8项内容及备注事项）。该表分为三个时段报验，第一次报验为设备进场时报验，第二次报验为设备安装调试完成，经专业检测单位检测合格并获得政府有关部门同意备案的证明后，第三次为使用结束后拆卸前，向项目监理机构报验。

2. 申报起重机械设备安装、拆除方案，还应同时申报起重机械设备安装、拆卸工程安全事故应急救援预案。审查安装、拆除方案中的安全技术措施是否符合强制性标准。

3. 工地上常用的卸料平台安装使用前也应当编制制作安装、拆卸方案，报监理审批后方可安装、使用。

注意事项：

1. 审查内容时要注意设备名称、规格、型号、数量应与施工组织设计相符。要检查设备年检证、安全生产许可证是否过期、各类人员上岗证是否有效，安装、拆卸人员操作证、起重司机、信号司索工等特种作业人员上岗证，以及设备操作、维修保养制度、定期检测制度等，还应有使用单位与租赁安装单位的安全协议。

2. 设备安装、拆卸专项施工方案应有安装单位和总包单位的技术负责人签字。

3. 对于审查不符合要求的起重设备、未取得专业检测单位的检测报告、复试报告、合格证前，施工单位一律不得使用，否则监理应严格按《建设工程安全生产管理条例》和建设部令第166号规定的相关程序执行。在建设部令第166号中第二十二条第（六）款规定，“当监理发现存在安全事故隐患的，应当要求安装单位、使用单位限期整改，对安装单位、使用单位拒不整改的，应及时向建设单位报告”。这里与国务院《建设工程安全生产管理条例》第14条相违背，根据上位法大于下位法的原则，监理人员应当坚决执行国务院令，在向建设单位报告的同时，必须向当地建设行政主管部门报告。否则，一旦安全事故发生了，监理要承担相应的法律责任。

4. 如果起重机械设备是承包单位租赁的，则应审查是否有产权证、租赁协议以及安全协议。

**监理通知回复单（　　　　类）**　　　　**B.5.1**

工程名称：　　　　　　　　　　　　　　　　　　编号：B.5.1＿—＿＿＿

<table>
<tr><td colspan="4">致：＿＿＿＿＿＿＿（项目监理机构）<br>我方接到编号为＿＿＿＿＿＿＿的监理通知后，已按要求完成相关工作，请予以复查。<br>附件：需要说明的情况<br><br><br>施工项目经理部（章）：＿＿＿＿＿＿<br>项目经理（签字）：＿＿＿＿＿＿<br>＿＿＿年＿＿月＿＿日</td></tr>
<tr><td>项目监理机构签收人姓名及时间</td><td></td><td>施工项目经理部签收人姓名及时间</td><td></td></tr>
<tr><td colspan="4">监理审核意见：<br><br><br>项目监理部（章）：＿＿＿＿＿＿<br>总监理工程师/专业监理工程师（签字）：＿＿＿＿＿＿<br>＿＿＿年＿＿月＿＿日</td></tr>
<tr><td colspan="4">注：1. 监理通知回复单分为：质量控制类（B.5.1）、造价控制类（B.5.2）、进度控制类（B.5.3）、安全文明类（B.5.4）、工程变更类（B.5.5）。<br>2. 本表一式二份，项目监理机构、施工单位各一份</td></tr>
</table>

第五版表　　　　　　　　　　　　　　　　　　江苏省住房和城乡建设厅监制

使用说明：

1. 本监理工程师通知回复单是施工单位对监理工程师签发的有关工程进度、质量、造价控制、安全文明、工程变更等事项的通知要求，在规定的时间内完成相关工作后向监理机构申请复查的报告。

2. 监理接到回复后，应审核是否符合规定的时间要求，同时对照原通知单内容，及时组织核查，逐条对照落实情况，同时如实记录。对尚未完成或者未达到整改要求的事项，应在监理审核意见中明确要求继续整改的限定时间，或采取其他有效措施（涉及安全的事项，如在规定的时间内不能整改到位，存在重大安全隐患，极有可能导致安全事故的发生，监理可签发暂停令并向建设单位或主管部门报告）。

注意事项：

1. 施工单位申报的整改完成情况，可以是文字的，必要时可附有关图表、照片等影像资料。

2. 对于复核不合格项，监理在审核意见中应指出具体事项和要求。

3. 对审核不合格项，应在限定的时间内跟踪检查，直至符合要求为止，必须达到监理行为的"闭合"效果。

4. 对逾期不整改也不回复的监理通知单，应查找原因，采取相应措施。

**工程复工报审表** **B.5.2**

工程名称： 编号：B.5.2—______

<table>
<tr><td colspan="4">致：__________（项目监理机构）<br>编号为__________《工程暂停令》所停工的__________部位（工序）已满足复工条件，我方申请于____年____月____日复工，请予审批。<br>附件：证明文件资料<br><br>施工项目经理部（章）：__________<br>项目经理（签字）：__________<br>____年____月____日</td></tr>
<tr><td>项目监理机构签收人姓名及时间</td><td></td><td>施工项目经理部签收人姓名及时间</td><td></td></tr>
<tr><td colspan="4">监理审核意见：<br><br>项目监理机构（章）：__________<br>总监理工程师（签字、执业印章）：__________<br>____年____月____日</td></tr>
<tr><td>建设单位签收人姓名及时间</td><td></td><td>项目监理机构签收人姓名及时间</td><td></td></tr>
<tr><td colspan="4">建设单位审批意见：<br><br>建设单位（章）：__________<br>建设单位代表（签字）：__________<br>年 月 日</td></tr>
<tr><td colspan="4">注：1. 施工单位未取得工程复工令不得擅自复工。<br>2. 本表一式三份，项目监理部、建设单位、施工单位各一份</td></tr>
</table>

第五版表 江苏省住房和城乡建设厅监制

使用说明：

1. 对施工单位的复工申请，项目监理机构应认真组织核查，并根据核查结果及时作出是否同意复工的决定。

2. 监理机构应对照原《工程暂停令》要求，逐项进行核查。对于尚存在的一般问题可先同意复工再继续整改，同时要求在规定的时间内整改到位；如属质量、安全隐患的重要事项未达到原整改要求，则不应同意复工，必须符合要求后再复工。

注意事项：

1. 对不具备复工条件的监理同意复工，或已经整改符合要求监理不及时同意复工的现象必须避免。

2. 应当正确处理因工程暂停令引起的与工期、费用有关的问题。

3. 必须杜绝监理发了暂停令，施工单位拒不执行，又继续施工的现象；同时防止未经监理同意擅自复工的现象，以保证监理指令的有效性、严肃性与权威性。

**单位工程竣工验收报审表** **B. 5. 3**

工程名称：　　　　　　　　　　　　　　　　　　编号：B. 5. 3—______

<table>
<tr><td colspan="4">致：__________（项目监理机构）<br>我方已按合同要求完成了__________（单位工程），经自检合格，现将有关资料报上请予以验收<br>附件：<br>□ 施工单位工程质量验收报告。<br>□ 工程实体质量验收资料。<br>□ 单位（子单位）工程所含分部（子分部）工程的质量验收资料、质量控制资料。<br>□ 主要功能项目的抽查结果资料。<br>□ 观感质量验收资料。<br>□<br><br>施工单位（章）：__________<br>项目经理（签字、执业印章）：__________<br>____年____月____日</td></tr>
<tr><td>项目监理机构签收人姓名及时间</td><td></td><td>施工单位签收人姓名及时间</td><td></td></tr>
<tr><td colspan="4">预验收意见：<br>经预验收，<br>该工程□合格/□不合格，建设单位□可以/□不可以组织竣工验收<br><br>项目监理机构（章）：__________<br>总监理工程师（签字、执业印章）：__________<br>____年____月____日</td></tr>
<tr><td colspan="4">注：1. 项目监理机构应在收到本报审表后 14d 内签认预验收意见报建设单位组织竣工验收或要求施工单位整改后重新报审。<br>2. 本表一式三份，项目监理部、建设单位、施工单位各一份</td></tr>
</table>

第五版表　　　　　　　　　　　　　　　　　　江苏省住房和城乡建设厅监制

使用说明：

1. 监理机构在接到工程报验单后，应按《建筑工程施工质量验收统一标准》和设计文件的要求，以及上表中的内容，及时组织相关单位进行竣工预验收。

2. 监理机构组织的预验收小组一般由建设、施工、设计、监理等四方代表参加，预验收组成员应当由相关专业技术人员和各单位项目负责人参加，可以按土建、安装专业分两个小组。规模不大的项目，建设单位也直接可委托监理单位、施工单位自行组织预验收。

注意事项：

1. 单位/分部工程竣工应符合下列条件：

(1) 承包合同内的工程量已经全部完成。

(2) 各分部/分项工程的质量均应验收合格。

(3) 质量控制资料［各类质量保证资料：材料、构配件、设备的质保资料（原材料出厂合格证、质保书、特种材料的型式检验报告、出厂检验报告、进场后的见证取样复试报告等，现场各类分部（子分部）、分项工程工序质量验收记录等)］应完整。

(4) 各分部（子分部）工程的有关安全和功能的检验和抽样检测、检查结果符合专业质量验收规范的规定，资料齐全。

(5) 观感质量验收符合要求。

2. 预验收小组应分别对现场工程实体质量和竣工资料进行检查，并依据《建设工程文件归档整理规范》和当地城建档案部门、建设单位、质量主管部门要求，对各类工程资料进行逐项核查，不得有遗漏和缺项，必须完整、有效。

3. 对竣工预验收中发现的不合格项，监理应及时签发《工程质量整改通知》，要求承包单位整改，承包单位整改完成后，应填报《监理工程师通知回复单》，由专业监理工程师及时进行复查，直至符合要求。

4. 预验收合格后总监理工程师签署承包单位的《竣工验收报告》和竣工报验单，同时向建设单位提交《工程质量评估报告》。

5. 监理机构应参加与配合各专项（节能、环保、消防、电梯、煤气、防雷等）验收。

**施工单位通用报审表**　　**B. 5. 4**

工程名称：　　　　　　　　　　　　　　　　编号：B. 5. 4—____

<table>
<tr><td>事由</td><td colspan="3"></td></tr>
<tr><td colspan="4">致：__________（项目监理机构）<br><br>（附件共______页）<br><br>施工项目经理部（章）：__________<br>项目经理（签字）：__________<br>______年______月______日</td></tr>
<tr><td>项目监理机构签收人姓名及时间</td><td></td><td>施工项目经理部签收人姓名及时间</td><td></td></tr>
<tr><td colspan="4">监理审核意见：<br><br>项目监理机构（章）：__________<br>专业监理工程师（签字）：__________<br>总监理工程师/总监理工程师代表（签字）：__________<br>______年______月______日</td></tr>
<tr><td colspan="4">注：本表用于承包单位就 B 类表中其他表式所未能包括的事项向监理报审</td></tr>
</table>

第五版表　　　　　　　　　　　　　　　　江苏省住房和城乡建设厅监制

使用说明：

本表为施工单位就B表中的其他表式所未能包括的事项向监理的申报。

注意事项：

此表使用时，可按所报审内容合理分类、归档。

**工程联系单**　　**C. 0. 1**

工程名称：　　编号：C. 0. 1—______

| 事由 | | 签收人<br>姓名及时间 | |
|---|---|---|---|

致：______________

（附件共______页）

发文单位（章）：______________

项目负责人（签字）：____________

______年____月____日

注：1. 本联系单分为建设单位工程联系单（C. 0. 11）、项目监理机构工程联系单（C. 0. 12）、施工单位工程联系单（C. 0. 13）。
2. 收文单位如有疑义，应在自收到本通知单后 48h 内书面提出。
3. 本表发文单位与收文单位各一份

第五版表　　江苏省住房和城乡建设厅监制

使用说明：

1. 此联系单建设、施工、监理单位可直接使用，可以起到书面告知作用。

2. 致××单位时，因何事由、有何意见和要求、建议、理由必须说清楚，不得含糊其辞。如希望承包单位抓紧前期准备工作，尽快组织人力、物力进场；尽快申报施工组织设计或专项施工方案；装修、安装阶段向各承包单位发出做好协调配合工作的要求、竣工验收阶段提醒承包单位尽快整理竣工验收资料等；开工前建议建设单位提前做好开工前的各项准备工作：办理审图手续、规划、施工许可审批手续，做到现场数通一平，做好施工现场的各项施工条件移交工作；提前做好甲供材料、设备的订货工作；主体结构施工前尽快做好智能化设计、电梯设备订货、幕墙工程招标等工作；主体结构完成前提醒建设单位尽早落实装饰工程设计等，以免后续工作受到制约。本表使用目的是：监理单位在施工过程中，向参建工程的有关一方告知某一事项、督促某项工作、提出相关合理化建议等。

注意事项：

1. 工程联系单是不需要回复的，是给有关单位的书面文件，但所提出的问题应当是引起对方关注或需要解决的重要事项，实际上也能起到备忘录作用。

2. 收文单位如有疑义，应在48h内书面提出。监理对自己发出或收到的工程联系单，应关注、跟踪其进展与效果。

## 工程变更单

C. 0. 2

工程名称：　　　　　　　　　　　　　　　　　　　　编号：C. 0. 2—______

<table>
<tr><td>事由</td><td colspan="2"></td><td>签收人姓名及时间</td><td></td></tr>
<tr><td colspan="5">致：______、______、______<br>由于______原因，兹提出______<br>______工程变更，请予以审批。<br>附件：<br>□ 变更内容<br>□ 变更设计文件<br>□ 相关会议纪要<br>□ 其他<br><br>变更提出单位（章）：______<br>负责人（签字）：______　______年______月______日</td></tr>
<tr><td>工程数量增/减</td><td colspan="4"></td></tr>
<tr><td>费用增/减</td><td colspan="4"></td></tr>
<tr><td>工期变化</td><td colspan="4"></td></tr>
<tr><td colspan="2">施工项目部（章）：<br>项目经理（签字）______</td><td colspan="3">设计单位（章）：<br>设计负责人（签字）______</td></tr>
<tr><td colspan="2">项目监理机构（章）：______<br>总监理工程师/总监代表（签字）______</td><td colspan="3">建设单位（章）：______<br>负责人（签字）：______</td></tr>
<tr><td colspan="5">注：本表一式四份，建设单位、项目监理机构、设计单位、施工单位各一份</td></tr>
</table>

第五版表　　　　　　　　　　　　　　　　　　　　江苏省住房和城乡建设厅监制

使用说明：

1. 在工程实践中，该《工程变更单》通常也以《技术核定单》的形式出现。监理应根据工程承包合同和设计文件、有关技术规范、施工组织设计和方案等，审查其合理性。不符合要求的应当明确意见后退回，符合要求的则应与建设、施工、设计单位沟通取得一致意见后签字确认，并监督实施。

2. 发生工程变更的原则，应以承包合同为准。本工程变更单是施工单位提出变更填报的，首先应报告监理机构，由总监理工程师组织专业监理工程师审查，如审查发现不合理，缺乏依据的，监理机构应签署不同意意见，并说明理由后退回承包单位；审查同意后由建设单位转交原设计单位审核确认；如果是建设单位提出的变更，则项目监理机构应对其进行评估后，再办理相应变更手续或取消变更。对涉及工程设计文件的主体结构、使用功能等较大变更，应通过建设单位事先与设计单位沟通，必要时监理机构应组织建设、设计、施工等单位召开专题会议论证设计文件的修改方案。设计单位对设计存在的缺陷提出的工程变更，应编制设计变更文件，由建设单位签发给监理机构，监理机构转发给施工单位执行。

注意事项：

1. 对于符合工程变更程序的变更工程计价原则及计价方式或价款以及可能因此而发生的工期变更，应由建设、施工、监理等三方共同协商，一致后方可实施变更。

2. 在总监理工程师签发工程变更单之前，承包单位不得实施工程变更；未经总监理工程师审查同意而实施的工程变更，项目监理机构不得予以计量。

**索赔意向通知书**　　**C. 0. 3**

工程名称：　　　　　　　　　　　　　　　　编号：C. 0. 3—________

| 项目监理机构签收人姓名及时间 | | 被告索赔方签收人姓名及时间 | |
|---|---|---|---|

致：

根据施工合同________________（条款）约定，由于发生了事件，且该事件的发生非我方原因所致。为此，我方向__________（单位）提出索赔要求。

附件：索赔事件资料

提出单位（章）：__________

负责人（签字）：______年____月____日

注：1. 索赔人和被索赔人及项目监理机构应按施工合同约定的程序及时限处理索赔事件。

2. 本表一式三份，项目监理部、建设单位、施工单位各一份

第五版表　　　　　　　　　　　　江苏省住房和城乡建设厅监制

使用说明：

1. 项目监理机构应及时收集、整理有关工程索赔的原始资料，为处理费用、工期索赔提供证据。原始资料可包括各类文字资料，如各类工程承包合同、材料、设备采购合同、工程变更单、施工组织设计（方案）进度计划、建设、施工、监理各单位文件、会议纪要、各类通知单、联系单、验收记录、监理月报等，也可以是照片及音像资料等。

2. 监理机构在批准费用索赔时应同时满足下列条件：

（1）施工单位在施工合同约定的期限内提出费用索赔。

（2）索赔事件是非施工原因造成，且符合施工合同约定。

（3）索赔事件造成施工单位直接经济损失。

3. 当施工单位的费用索赔与工程延期要求相关联时，监理可提出综合处理意见。

4. 因施工原因造成建设单位损失，建设单位提出索赔时，监理应与建设单位和施工单位协商处理。

注意事项：

1. 监理机构在处理索赔事件时，审批之前应征求建设单位意见，充分考虑各单位意见和合理诉求，并与相关方协商一致。

2. 对承包人的索赔处理：承包人应在知道或应当知道索赔事件发生后 28d 内，向监理人提出索赔意向通知书，并说明发生索赔事件的事由。索赔事件结束后 28d 内，承包人应向监理递交索赔报告，说明索赔追加付款金额和（或）延长工期，并附必要的记录（计算书）和证明材料。监理在收到索赔报告后 14d 内完成审查并报送发包人。发包人应在监理人收到索赔报告之日起 28d 内完成审批，通过监理向发包人出具经发包人签认的索赔处理结果。发包人逾期未答复的，则视为认可承包人的索赔要求。

3. 对发包人的索赔处理：发包人应在付出索赔意向通知书后 28d 内，通过监理人向承包人递交索赔报告。承包人应在收到索赔报告 28d 内作出答复，如果承包人未在上述期限内作出答复的，则视为对发包人的索赔要求的认可。

小结：为了规范现场项目监理工作，需注意以下几点：

1. 必须深刻理解、认真执行建设行政主管部门最新颁发的《建设工程监理规范》和《监理现场用表》制度，加强监理信息资料管理工作，监理企业应把是否正确运用施工阶段《监理现场用表的相关使用说明》，作为考核项目监理机构工作的重要依据。

2. 监理单位应要求现场监理机构建立信息管理制度，监理资料的收发、登记和存放归档制度，其中包括相关人员的职责分工、应有专人负责整理资料工作。资料存放应做到规范整齐，查找方便、保存条件适宜。资料（包括文字、电子影像）必须真实齐全、及时有效、分类有序。

3. 监理对各类发放文件和审批、验收资料的签字必须按岗位职责签认，不得越权越位；签字内容应具体、明确，有针对性，语言准确简明，依据充分。

4. 收发文制度应当明确规定，监理机构及相关单位，除现场用表中应有相关单位人员签发、签收外，还应当在收发文登记表上签字，不要怕麻烦。

5. 监理工作完成后监理机构撤离现场前，应当按照《建设工程文件归档整理规范》的要求，监理机构需监督、配合承包单位做好工程竣工资料的归档、整理工作，配合技术单位审查施工单位的竣工移交资料，按规定向建设单位移交工程监理资料，同时监理机构应按规定做好向监理单位的资料移交工作。

6. 在使用现行《监理现场用表》过程中，如有新的法律、法规、规范或标准正式改版出台，则应及时作相应调整。

# 第5章　监理工作常见问题及处理

## 5.1　混凝土结构后浇带施工时应注意的问题

在对工程实体质量安全检查中经常发现，一些项目监理部在混凝土结构施工过程中，对后浇带施工质量、安全不够重视。尤其是上部结构后浇带，模板支撑体系不合理，在梁板结构混凝土达到拆模强度后，施工单位把包括后浇带在内的模板支撑统统拆除；甚至后浇带底模拆掉后的上部结构还在施工，使被拆除底模后浇带两侧的梁板在较长一段时间内，一直处于悬挑状态。后浇带在混凝土结构中具有重要的作用，其对于减小或降低不均匀沉降的影响、克服温度收缩产生裂缝、提高结构构造性能等都具有重要意义。但后浇带的模板支撑和拆除有其自身的特点，如果忽视施工质量或操作不当，容易造成结构缺陷，甚至引发质量、安全事故（已有相当多实例）。

### 5.1.1　后浇带施工不当的危害

后浇带在没有封闭混凝土前把模板底下的支撑拆除，有以下危害：

1. 后浇带往往设在跨中 1/3 处，后浇带混凝土没有浇筑前只有钢筋相连，拆模后，该处形成悬挑状态，受力体系发生重大变化。而且跨度越大，悬臂也越长。在上部结构支撑尚未拆除的情况下，危害更大。由于上部结构各种荷载的共同作用，加上结构本身的自重（如果梁断面大，自重更大），等于在后浇带的两端施加了大于使用荷载的向下应力，会使悬臂根部发生裂缝，严重的甚至在悬臂起点处发生整体断裂。

2. 后浇带部位因上部压力还会引起结构下挠，造成楼板不平、下沉等质量事故。后浇带过早拆模并承受荷载，也会给混凝土结构自身产生内伤，影响结构混凝土后期强度的继续增长，甚至会影响主体结构的使用寿命，留下质量安全隐患。

3. 有的施工单位采取先拆后顶措施，同样不恰当地改变了结构的受力状态；达不到未拆模效果，甚至还会产生新的不良后果。

4. 地下室底板后浇带浇筑后，应及时采取覆盖措施，防止杂物进入，以后浇筑混凝土封闭时，因难以清理干净，混凝土封闭后极易发生渗漏现象而难以处理。

### 5.1.2　后浇带施工不当的原因

1. 施工单位技术管理力量薄弱，质量保证体系不健全，施工经验不足，不懂得后浇带施工质量的重要性。

2. 编制模板施工方案时，没有按规范要求，明确编制出后浇带的支模、拆模方案，应当在方案中制定后拆模体系。

3. 图省事，怕麻烦。按正常施工，后浇带浇筑混凝土的间隔时间较长。因为工期需要，施工单位抓紧进行二次结构施工时，后浇带支撑不拆除，施工人员通行受到一定影响。

4. 监理人员专业知识不足，重视不够，预控能力差。事前不能预先提醒，事中不能及时控制。

### 5.1.3　监理对策措施

1. 首先，监理部成员要在思想上对后浇带的施工质量高度重视，要认真学习有关结构力学知识、技术规范、设计要求、标准图集。一般情况，后浇带处的模板支撑体系（特别是立杆）应当独立架设并与其他梁板的模板支撑体系分开。

2.《混凝土结构工程施工质量验收规范》GB 50204—2002（2010 版）中明确规定，后浇带的模板拆除和支顶，应按施工技术方案执行。监理部要认真审查施工组织设计和专项施工方案，尤其是模板专项方案中有没有按规范要求，编制后浇带的独立支模体系和拆模方法。否则应要求其修改完善后重报。

3. 施工前，要求施工单位必须向施工班组进行交底，必要时，监理部派专业监理工程师参加。

4. 在模板搭设施工时，加强巡视和检查，一旦发现与方案不符合，立即要求整改。

5. 在模板支撑验收时，要把后浇带支撑作为验收的重点之一。

6. 混凝土浇筑后，养护期间，一直到拆模前，监理人员日常巡查时，要多留意后浇带处，有无异常变化。发现问题，及时处理。

7. 严格拆模工序申报程序，在第一次工地会议上向施工单位交底时，就要把混凝土浇筑和支模、拆模程序交代清楚，没有监理工程师批准，不得擅自拆模。

8. 混凝土浇筑后和拆模过程中，监理要加强现场巡查。如每天都有监理人员从后浇带处路过一至数次，一定能及时发现错误拆模行为并予以制止。

只要做到以上 8 条，后浇带的施工质量一定会处于受控状态。

### 5.1.4　保证后浇带施工质量的解决办法及创新做法

1. 上部结构（顶板）后浇带模板应在专项施工方案中制定措施，使模板支撑形成独立的支模体系

(1) 为了使后浇带处形成独立支模体系，在梁板结构拆底模时，保持后浇带下部不被拆除，应考虑到后浇带两侧必须保留一定数量的支撑或采取其他加强措施。在设计模板支撑方案时，后浇带两侧应单独支撑。根据受力计算及便于施工考虑，后浇带两侧梁板悬挑跨度≤4m 时各预留 2 排立杆支撑，悬挑跨度≤8m 时两侧各预留 3 排立杆支撑。注意，立杆与其他部位的上下水平杆、扫地杆应当贯通连接，以保证其稳定性。

(2) 模板铺设时，后浇带处的顶模模板应和其他顶板模板同时铺设，可用整块模板垂直于后浇带方向铺设。这样形成一条通直拼缝，便于拆模。当混凝土达到拆模强度后，拆除其他顶板模板时，不会影响后浇带的底模。梁模板在后浇带处断开，在后浇带混凝土浇筑前封闭，可以方便后浇带内的垃圾清理，可以作为清扫口用。

2. 在保证施工效果的情况下鼓励创新做法

在对工地的检查过程中，看到南通地区的某施工项目部，想了一些好办法，做到既不影响后浇带的质量，又使后续施工方便。他们在筑浇同一层楼面结构时，在后浇带梁下同

时浇筑临时混凝土支柱（立柱纵向间距不宜过大，或由计算确定），拆除后浇带两侧混凝土结构模板时保留；直到后浇带的混凝土浇筑封闭、达到强度时再拆掉临时支撑柱（图5-1*b*）。这种方法可以认定。监理人员在审查施工方时，应当结合工程实际，灵活掌握，

(*a*) (*b*) (*c*) (*d*) (*e*) (*f*)

图 5-1 后浇带模板支撑做法实例

(*a*)独立的拆模体系(正确做法);(*b*)与梁板结构同时浇筑混凝土的临时支撑柱(创新做法);(*c*)先拆后顶的做法(错误做法);(*d*)后浇带支撑已全部拆除(错误做法);(*e*)与两侧梁板结构同时拆模的做法(错误做法);(*f*)地下室底板后浇带的保护措施得当(覆盖木板,边缝抹以砂浆)

（地下室底板的后浇带如果不密封好，将来二次浇筑混凝土时不易清理干净，将给地下室底板渗漏带来后遗症）

### 5.1.5　与后浇带相关的施工技术问题

1. 后浇带施工前，应首先熟悉设计图纸，在施工图会审交底前就要搞清楚结构施工图中关于后浇带部分的设计意见，如果不明确，向设计提出，要求补充完善。

2. 根据有关技术标准规定，后浇带施工依据应以单体设计优先为原则；反之，则应根据设计要求，套用相应的标准图集。

3. 施工后浇带在新浇混凝土前应将接缝处已有混凝土表面杂物清除，刷纯水泥浆两遍后，用比设计强度高一级的补偿收缩混凝土及时浇筑密实，地下室后浇带混凝土抗渗等级同相邻结构的混凝土。

4. 后浇带混凝土浇筑后应加强养护，地下结构后浇带混凝土养护时间不应少于 28d，上部结构后浇带混凝土养护时间不应少于 14d。

5. 后浇带的混凝土浇筑时间由单体设计确定。单体设计未注明时，后浇带混凝土应在两侧混凝土龄期达到 60d 后浇筑；如结构有差异沉降，则应在两侧结构沉降相对稳定后浇筑。

6. 后浇带两侧宜采用钢筋支架将钢丝网或者单层钢板网隔断（木隔板）固定。

7. 当后浇带增配补强钢筋时，要严格按单体设计或标准图集，全数验收钢筋的规格、型号、数量及锚固长度 $l_a$，锚固长度应参照标准图集规定。

## 5.2　监理企业的成本控制

我国的监理制度从引进试点，逐步推广到全面推行，已经走过了 20 个年头。目前全国已有数千家监理企业、数十万从业人员，监理已成为建设工程的行为主体之一，并且对工程项目的质量、进度、投资控制起着越来越大的作用。如何把监理企业不断做大做强，更好地服务社会。在监理企业领导决策层中的首要问题，就是不断提高经济效益，其中一个重要的举措之一就是加强企业的成本控制。

### 5.2.1　监理企业的成本组成

监理企业的成本基本由以下几方面组成：

1. 前期费用，包括参与投标的准备工作，信息的获取、投标文件的编制、必要的活动经费等。

2. 企业管理费：

（1）日常办公品、劳保用品。

（2）测量工器具、技术资料，包括技术标准、规范、规程、图集、书刊的购置费。

（3）人员培训费、注册费、差旅费支出。

（4）各类协会、理事会会费及上缴主管部门的规费。

（5）其他应属管理开支的费用。

3. 人员工资，包括各类奖金、补贴，以及按国家规定应为员工办理的四险一金。

4. 固定资产添置费及折旧费，包括房屋购置、租金、车辆费、计算机等各类办公设备、测量设备仪器等。

5. 营业税和企业所得税。

### 5.2.2 加强成本控制的基本途径

成本控制是企业赖以生存和发展的生命线。结合我国国情，控制好企业成本，主要靠两个方面：一是要有好的政策；二是要靠企业自身加强管理，开源节流。主要从以下几个方面着手：

1. 依靠国家政策，严格执行新的取费标准。

以往监理行业总是埋怨监理服务收费标准偏低，一直执行的是1992年的标准，加上社会上某些投资业主的不规范行为，流行压价、回扣、拖欠三把刀，更使监理企业如雪上加霜，致使监理人员待遇过低，人才留不住。从2007年7月1日起，国家执行新的取费标准，极大地鼓舞了监理从业人员，监理企业的利润率明显提升，人员待遇得到改善和提高，以房屋建设工程为例，新旧标准对照如下：

**监理取费新旧标准对照表** **表 5-1**

| 序号 | 1992年 | | 2007年 | | |
|---|---|---|---|---|---|
| | 工程概（预）算 $M$（万元） | 取费 $B$（%） | 计费额（万元） | 收费基价（万元） | 取费率（%） |
| 1 | 小于500 | 大于2.50 | 500 | 16.5 | 3.30 |
| 2 | 500～1000 | 2.0～2.50 | 1000 | 30.1 | 3.01 |
| 3 | 1000～5000 | 1.4～2.00 | 3000 | 78.1 | 2.6 |
| 4 | 5000～10000 | 1.2～1.40 | 5000 | 120.8 | 2.42 |
| 5 | 10000～50000 | 0.8～1.2 | 8000 | 181.0 | 2.26 |
| 6 | 50000～100000 | 0.6～0.8 | 10000 | 218.6 | 2.19 |
| 7 | 大于100000 | 小于0.6 | 20000 | 393.4 | 1.97 |

为了保证新标准的顺利实施，各地政府还出台相应文件规定，建设单位必须严格执行新监理取费标准，并及时支付监理费用。如江苏省建设厅在苏建［2007］168号文件中就明确要求建设单位“不得要求监理企业降低取费标准，不得以降低监理费标准作为评标的依据……，不得与监理企业签订阴阳合同，并要求金融机构予以干预。”该文件还要求监理企业自律，在考核标准中把不按规定收取监理费列入监理企业的不良行为。

可惜的是，仍有一些监理企业存在恶意竞争行为，以降低监理费迎合某些业主需要，降低服务质量，压低甚至克扣监理人员应得合法报酬，造成原有稍稳定的监理队伍人心不稳，严重干扰了监理市场的有序竞争，也伤害了监理队伍中的精英，辜负了政府对监理企业的扶持政策。

2. 加强合同管理，重视合同评审。

监理合同在中标后与业主签订。监理合同的草稿往往是监理企业的法人与经营人员商讨，缺乏技术、经济和法律方面的专家参与。但各个企业，尤其是甲、乙级监理企业都有这方面人才，应当利用贯标这根杠杆，按照企业管理程序进行合同评审，利用碰头会或书面评审的方法提高合同的签约水平。

（1）严格执行收费标准，可在基准价的基础上上下浮动20%，但不得突破底限。

(2) 重视付款方式，为防止监理费付款滞后，增加企业运行成本。应参照施工合同中的付款进度，一般房屋建筑工程的监理费，合理的付款方式应是，在监理合同签订、监理人员进场后支付 10%～20%，在主体结构封顶或完成工程量 1/2 后付至监理费 50%，竣工验收后付至 85%～95%，余款一年或保修期满或审计结束后结清。

(3) 要重视监理合同的服务内容增加和延期服务问题。在监理合同中要明确规定增加服务内容和非监理原因造成的工程延期，业主应当增加相应的监理费。监理服务主要靠人力资源。一般比合同工程延期一个月以上就可以签订延期服务的补充协议。延期服务可以按工程量按费率计算，也可按服务人员人工日费用标准协商支付。

3. 建立健全财务管理制度，财务报销审批制度。

4. 加强对人、财、物的管理，监理企业各管理部门都要密切配合，根据企业机构设置和职能分工情况，如监理部的日常支出，通过申请领用手续，分别登记入账，列入监理部考核标准，最大限度地充分利用企业资源。

5. 充分调动全体员工参与成本核算的积极性，鼓励节约，反对浪费，通过奖励制度激发员工的主人翁思想，在这方面要求总监起带头作用。可以采取支出费用包干的方式，节约提成奖励。不断降低成本，使企业在降低成本的同时，提高利润，同时在相应提高员工待遇的基础上使企业效益最大化，并形成良性循环，对提高企业竞争力、稳定人才队伍也大有益处。

6. 加强对监理部（监理组）为单位的成本核算与监理费承包要区别开来，这主要是监理部开支的承包，主要从节约成本考虑的。有的监理企业实行总监对监理费的承包制，除少数特定条件外，监理企业尚不应提倡承包制。过分强调项目监理承包，有的总监会减少项目组成人数，聘用水平、能力不匹配的低价人员，从而降低监理服务工作质量，影响对业主的承诺和对工程的监控力度，影响监理企业的信誉和监理行业的声誉。

在全面提高监理取费标准的大环境下，监理企业只要加强成本核算、管理和控制，就能扩大利润空间，不但可以使企业硬件上档次，也能更多地提高人员素质，吸引高素质的人才，提高监理服务质量，把监理事业不断推向前进。

## 5.3　监理工作中常见问题的处理与思考

笔者从开始研究并参与实践，从项目总监到监理企业的技术主管，在长达 20 年的监理工作实践中，在监理不同性质的工程，与不同投资方（建设单位或称业主）打交道的过程中，经常碰到一些带有共性，而又往往难以找到统一答案和解决方法的问题，现就一些解决方法和看法，供大家参考，欢迎同行们从不同的角度献计献策。

### 5.3.1　质量责任问题

影响工程质量问题主要由五大因素决定，而五大因素主要与施工单位的管理水平、人员素质、质保体系是否健全，还有已定造价和工期是否合理，业主是否指定不合格的材料供应商和工程分包商有关，还涉及勘察、设计质量等。因此不能说一出现质量问题就责怪监理。无论是业主、政府主管部门，还是监理企业内部都应当客观、公正、科学、实事求是地分析问题，只有当该验收的监理不去验收，或者没有按设计和技术标准规范验收，把不合格材料、不合格的工序，作为合格签字的情况下，监理才应承担相应的责任。

### 5.3.2 安全监管中的程序问题

依据《建设工程安全生产管理条例》《关于落实建设工程安全生产监理责任的若干意见》（建市［2006］248号）的规定，监理只要认真执行了四个程序，施工现场一旦发生安全事故，监理就没有责任了。其中《建设工程安全生产管理条例》第14条“工程监理单位和监理工程师应当按照法律、法规和工程建设强制性标准实施监理”范围很广，绝大多数安全问题几乎都能与这一条套上。就按这一条，只要出了安全事故，监理就很难逃脱，因此也不太好落实。关于施工单位拒不整改或者不停止施工，监理单位应当向谁报告这个问题，《建筑起重机械安全监督管理规定》（建设部第166号令）和《危险性较大分部分项工程管理办法》（建质［2009］87号）的规定与上述两个法律、法规文件的说法就不一致：前两个文件则规定只要向建设单位报告就行了。而后两个文件规定，监理单位发现安全隐患应当要求施工单位整改，如果施工单位整改不力或拒不整改，情况严重的，要求施工单位暂时停止施工，并及时报告建设单位。施工单位拒不整改或者不停止施工，工程监理单位应当及时向有关主管部门报告。在执行过程中，如果只按后两个文件办，向建设单位报告了，建设单位不要求（大多业主为了赶进度是不会要求施工单位停工整改的）施工单位停工整改，或者施工单位也不听建设单位要求停工整改的指令，出了重大安全事故。有关司法部门按前两个文件执行，监理单位还是难逃法律责任。因为上位法比下位法大。有的监理同仁在处理此问题时. 往往为了保险起见，两种规定都执行，两个程序都走。当然在向主管部门报告前，最好先向建设单位打个招呼。江苏省第4版监理现场用表B4《监理工程师备忘录》就有抄报有关上级主管部门的规定，也无须经过业主批准，笔者认为很好。

但在向有关主管部门报告的问题上，往往执行起来较难，大多数业主代表反对将事情捅出去。因为那样做，可能既影响了投资项目名声，又增加了被政府部门查处的风险。施工现场监理机构如果怕承担法律责任，就得冒得罪业主的风险，轻则挨批评、指责，重则难收监理费，甚至总监有被业主撵走的危险。

再则，谁能确保向主管部门报告前就能准确预测隐患严重到什么程度，如不及时制止，肯定会出重大安全事故呢？如果你报告后没有出事故，建设单位与施工单位会怎么看，会不会说你没有事找事，自然产生对监理的不信任。甚至反感，影响监理的威信，带来今后工作的被动，这种判断风险较大。有一个项目，主体结构施工期间，工地上有近两个月施工单位没有项目负责人在场，现场质量、安全无保证体系。总监预料，若再不扭转就有可能出安全事故。后来考虑到向主管部门报告会有得罪业主的风险，造成今后工作的被动。在给施工单位先后发了整改通知单、暂停令都无效的情况下，又给业主发了一份备忘录，要求业主依法采取合同手段，责令承包方落实质保和安保体系。五天后该工地果然就发生一死一重伤的安全事故。当时适逢狂风暴雨，引起外脚手架坍塌。后来有关部门和业主均未责怪监理，主要归罪于不可抗拒的自然灾害。但不是所有总监都能如此准确判断存在管理问题就非出安全事故不可，都能规避这种风险的。

### 5.3.3　关于平行检验问题

监理的基本任务之一，是控制施工质量。现行国家标准《建筑工程施工质量验收统一标准》GB/T 50300 中的强制性标准要求：“工程质量的验收均应在施工单位自行检查评定的基础上进行”，监理人员通过施工过程巡视，平行检验和验收等方法，随时监控施工质量。至于材料验收和工序报检、隐蔽工程验收更是必不可少的。其中关于平行检验问题，工程管理行业有的认识模糊，有的甚至要求监理人员每一个单项工程、每一道工序验收都要填写平行检验记录。根据《建筑工程施工质量验收统一标准》的规定，目前施工单位统一使用的建设工程质量验收记录，主控项目、一般项目的检验项，都由施工单位在自行检查评定的基础上填写自检意见，监理工程师经过验收后签写验收意见。如果验收不通过，要求整改后复验，直至合格为止，而且该标准关于质量验收的强制性条款第 4 条明确规定：“工程质量的验收均应在施工单位自行检查评定的基础上进行。”有的过分夸大所谓平行检验的作用。工序（含隐蔽工程）验收纪录上监理的签字，是在施工单位自行检验并认为合格后填好验收纪录表报监理，在此基础上监理经过平行检验或复验，才签的字。没有必要要求监理人员仿照验收纪录，再重复填写一份类似的平行检验表。应当鼓励监理人员多到现场，加强过程控制，监控质量，监管安全，不要把大量的时间和精力放在室内的重复文字处理上，在人力资源和时间、精力、物力上产生不必要的浪费，与工程质量实效无益。况且迄今为止，法律、法规和规范性文件也没有关于平行检验纪录的规定。管理过工程、到过施工现场的人不难发现，一个大型工地，光是各种工序验收纪录表（一式 4 份）就有成千上万份，确实没有必要再搞一套重复资料。事实上，凡是工程签证、联系单、通知单、监理日记、各类验收表上有关质量问题的纪录，都是监理平行检验的结果。

### 5.3.4　关于工程款支付问题

法律、法规和监理合同都规定，没有监理工程师的签字，建设单位不得支付承建方的工程款。大多情况下，工程项目开工时的首次预付款和竣工后经审计后的最终尾款无须经监理签字，监理主要负责审核并签批工程合同规定的工程进度款。监理签认的应该是经过验收合格的工程量。监理工程师没有验收合格，就不得支付工程款。但工作实践中，经常会遇到不经监理签字业主就付工程款的现象。这样就剥夺了监理工程师的最有效的质量控制权，安全监管的难度也相应增大，造成监理工作很被动。施工单位会有恃无恐，反正施工质量与安全好坏，你监理说了不算，不与其经济利益挂钩。因此建议政府主管部门在检查监督各方行为主体是否规范时，应当把监理合同、承包合同的执行情况作为检查各方行为的依据。凡是未经监理工程师签字支付工程款的，应当对建设单位进行处罚，同时发生质量、安全事故时，如未经监理工程师签字，出了质量、安全事故，应当减轻或免除监理人员本应承担的责任，同时追究不按合同办事的业主责任，以体现权力与义务的对应。《建设工程质量管理条例》第 37 条明确规定. “未经总监理工程师签字，建设单位不拨付工程款，不进行竣工验收。”很显然，只要建设单位在施工过程中，不经过监理签字就支付工程款，既违背了监理合同的规定，又违背了国务院的法规。无论质量，还是安全，一旦出了问题，都可以免除监理的责任，建设单位则应承担相关责任。司法部门在责任认定时应以事实为依据，法律为准绳。

### 5.3.5 关于建设单位直接分包或者直接供应材料问题

(1) 有些单项工程，往往由业主直接分包。监理部应当纳入现场监理工作程序。要求业主或者承包方提供分包合同或协议，要求承包方提供施工资质、营业执照、安全生产许可证，以及主要管理人员和特殊工种上岗证等必备资料，申报施工组织设计（或施工方案），施工过程应纳入总包单位的质量保证和安全保证体系。

(2) 施工单位采购的材料质量监理好控制，当遇到建设单位自行供应的材料时，往往难以控制。监理部应秉公办事，按规定程序进行验收，验收不合格的不准使用。至于装饰材料，只要满足使用功能，不影响结构安全，有质量保证书和合格证，该复试的检测报告合格，外观规格和颜色由业主和设计确定。对质量难以达到验收标准的甲供材料，必要时，可与施工单位一道，向业主作耐心的宣传和解释，共同把好关，杜绝不合格的材料用到工程中。

以上问题，是监理工作中经常遇到又比较棘手的问题。在工作实践中不但资深总监感到难度大，压力大。资历较浅，包括专业监理工程师和刚从事监理工作不久的监理人员，普遍感到无所适从，甚至影响到监理队伍的稳定。往往在实际工作中，不是所有各方都对上述问题弄得清楚。以上内容有疑问，有建议，有实践体会，仅以此抛砖引玉，同仁们可以从不同角度提出自己的经验和体会，以增强我们的自信心和处理类似问题的能力。

## 5.4 如何准确运用工程暂停令

《建设工程质量管理条例》、《建设工程安全生产管理条例》关于监理履行控制质量、监管安全的权力，没有要求事先征得业主同意的说法。《建设工程委托监理合同（示范文本）》标准条款规定监理人的义务、权利和责任的第十七条第（7）款规定，“征得委托人同意，监理有权发布开工令、停工令、复工令，但应当事先向委托人报告”；第（8）款又规定，“对于不符合设计要求和合同约定及国家质量标准的材料、构配件、设备，有权通知承包人停止使用。对于不符合规范和质量标准的工序、分部、分项工程和不安全施工作业，有权通知承包人停工整改、返工”。以上法规和合同示范文本告诉我们，在有的情况下，监理需要征求业主同意才能发暂停令，在有的情况下则无须事先征得业主同意。只有认真行使上述权利，才能保证监理履行好自己的义务，并承担相应的责任。

但在监理工作实践中，往往有的总监把握不准签发暂停令的准确时机，有的该停工整改的不发暂停令，结果产生质量、安全隐患，甚至发生重大质量、安全事故。近年来发生的重大施工安全事故，监理大多没有事先发布暂停令，也没有向主管部门报告，贻误了有效的控制时间，从而承担了相应的处罚或法律责任，沉痛的教训值得吸取。

监理合同规定发暂停令之前需预先征得委托人同意，在许多情况下，这一前提却难以实现。一些委托人（以下简称业主）往往把工程进度看得比较重，为了尽早竣工投入使用，尽早出投资效益，不支持监理的停工整改措施，是因为对所存在问题的严重性认识不足；也有的业主是临时筹建的现场管理班子，他们缺乏责任心和长远打算，并不能代表真正意义上的业主。再说即使出了质量、安全问题，也不会追究到他们的责任［因为他们并不在质量、安全（尤其是过程控制的）验收记录上签字］。基于上述 3 种原因，要事先取得业主同意再发暂停令，在实际工作中往往行不通。

建设部第 166 号令和建质［2009］87 号文件规定，在施工过程中，监理发现有安全隐患要求施工单位整改，施工单位拒不整改，监理只要报告业主，由业主要求停工就行。由于规范性文件与《建设工程质量管理条例》，《建设工程安全生产管理条例》两个法规规定不一（后两种文件没有要求发停工令必须经过业主同意，但法律效力却比前两个大），造成许多总监在现场有点尴尬，万一业主不同意发停工令或者不同意停工，发生重大安全事故，监理却因为没有发停工令，又没有及时向政府主管部门报告，按照两个条例肯定要承担法律责任。笔者在监理工作实践中体会到，要准确运用暂停令，避免我们的责任和风险，需要注意以下几点，写出来供大家参考：

1. 首先应当掌握：发暂停令的依据是否可靠，理由是否充分，条件是否具备（即判断是否准确）。根据质量、安全管理条例和监理规范，只要存在以下行为之一，总监都应及时下发暂停令：

（1）施工单位未经批准擅自施工的；

（2）施工单位未按审查通过的工程设计文件施工的；

（3）施工单位未按批准的施工组织设计或施工方案施工或有违反强制性标准行为的；

（4）施工存在重大质量、安全事故隐患或发生质量安全事故的；

（5）当监理发现施工方把未经监理验收或验收不合格的材料用于工程中，或者对未经监理验收或验收不合格的工序进行下一道工序施工的，都应当签发暂停令。

2. 在材料、构配件、设备及施工质量、安全不符合设计、规范要求的情况下，必须果断要求施工单位停工整改。发暂停令的前提必须是明显违背强制性标准、涉及公共安全和使用功能而难以补救的事项，并且凭借丰富的经验能够准确地判断，不停工非出事不可的，不要遇到一些小问题轻易发停工令。

3. 监理虽然是为业主服务的，但在履行权利、责任、义务上，却又是独立的企业行为，在重大原则问题上应本着守法、诚信、公正、科学的原则，要对你受委托的业主负责，对所在的监理企业负责，同时又是对自己负责。只要你的判断是符合上述原则的，在严重违规行为劝阻无效的情况下，就应当理直气壮地下达暂停令，即使事先未经业主同意就发了暂停令，事后再向业主说明，解释其必要性，一般都会得到业主理解和支持的。

在签发暂停令的过程中，往往需经历以下程序；发现有施工违规规行为时，监理先是口头提醒、书面联系单告知（重要的或时间紧迫时，此程序可以省略）、通知单指令，在经过上述程序都无效的情况下才迫使监理发暂停令。为了确保工程质量与安全，必要时监理应当有这个自主权，否则就无法达到控制和监管的目的。

4. 有些问题，可以巧妙地回避暂停令，同样得到控制质量、安全的效果。如混凝土结构分项工程施工中，监理对钢筋、模板等隐蔽工程验收不合格，就不准浇筑混凝土，不是仅口头上说说，监理要在工序报验单上直接签署：“验收不合格，不得进行下道工序，经整改合格后再报验”。混凝土浇筑申请表上明确签署：“不同意浇混凝土”。上述两个文件，签上专业监理工程师和总监理工程师的名字，盖上监理机构印章后及时送达给施工单位，施工单位一般也能接受，可以避免非要到发停工令那一步。绝大多数情况下，施工单位会执行整改要求，不发暂停令也能达到控制质量、安全的目的。

5. 在准确运用暂停令问题上，有几个问题还需要进一步说明：

(1) 有的总监在发不发暂停令时往往犹豫不决，举棋不定，对以下矛盾问题，应学会选择利害关系，判断孰轻孰重。

1) 法律、法规与规范、合同之间。

2) 质量、安全与工期之间。

3) 承担的风险与业主的理解支持程度之间。

俗话说得好：两利相权取其重，两害相权取其轻。

(2) 重大工程质量、安全事故的处理案例中，政府有关部门和专家组成的调查组，调查事故发生的原因时，往往要涉及有关方责任，而对监理责任的追究往往又特别看重其监理程序有没有履行，而不会因为业主没有同意就能减轻监理不作为的责任。

(3) 还有的人认为，监理为业主服务，只要发停工令就应当征得业主同意。在监理义务范围内，不需要样样都去请示业主，否则，还需要你监理干什么。

(4) 需要指出的是，我们发的只是暂停令，只是局部停工令，而不是要求整个工地大面积全面停工，那样肯定应当要事先征得业主同意。例如浇筑楼层混凝土前，监理发现一根框架大梁下面的5根直径25mm的受力少了两根，施工单位没有按监理要求增补就强行浇筑混凝土，监理立即发暂停令，不事先征求业主意见有何不妥?

6. 作为总监，发暂停令既是权利，又是责任；是控制手段，但不是目的。不要以为暂停令一发出就万事大吉了，工程总要向前推进。笔者在发出停工令后，往往还要做许多工作。一是要向业主说明发停工令的原因、过程和目的，尽量取得他们的理解与支持；二是要向承包方项目经理及技术负责人说明不停工整改的危害性以及可能产生的后果，我们是为业主把关，同时也是帮你们把关。比如安全问题，你们如果不停工整改，万一出了事造成人员伤亡，现在死亡一名工人，承包方的直接、间接经济损失要达数十万元，甚至上百万元，而且还要暂扣安全生产许可证，在一定期间内不得进行招标投标，那损失就大了。这些利害关系一讲，他们往往都心服口服，也不会产生抵触情绪；又如质量问题，屋面、卫生间防水处理不好，墙、地面起壳、空鼓，今后交付使用后再维修，你们将花更多的人工、材料去返工，而且使用方很反感，实在是得不偿失。大量实践证明，只要我们动之以情，晓之以理，一般情况下承包方都是愿意停工整改的。

7. 当承包方拒不整改、又不停止施工，则要发备忘录。在向业主报告的同时，必要时可以直接向政府主管部门报告。无论通知单、暂停令还是备忘录，都要及时抄报业主，切实履行告知义务。如果事关质量、安全的大事，事事都要经过业主同意才能行使权利，而不停工发生问题后又不追究业主责任，却要追究监理责任，显然与法理、情理上都是说不过去的。因此，即将进行监理合同和监理规范修订时，建议将应事先“征得委托人同意”删除，明确监理有权发布开工令、暂停令、复工令，同时必须向委托人报告。是否需要事先向委托人报告，根据具体情况由总监掌握。这样才能真正在施工过程中控制好质量，监管好安全，履行好监理职责，才能使总监负责制真正落到实处。

# 参 考 文 献


［1］ GB/T 50319—2013 建设工程监理规范．北京：中国建筑工业出版社，2013
［2］ 中国建设监理协会．建设工程监理规范 GB/T 50319—2013 应用指南．北京：中国建筑工业出版社，2013
［3］ 全国十二所重点师范大学．心理学基础．北京：教育科学出版社，2008
［4］ ［美］詹姆斯·D·米勒．活学活用博弈论．北京：机械工业出版社，2011
［5］ 江苏省建设工程施工阶段监理现场用表(第五版)
［6］ GF-2013-0202 建设工程监理合同(示范文本)．北京：中国建筑工业出版社，2013
［7］ GF-2013-0201 建设工程施工合同(示范文本)．北京：中国建筑工业出版社，2013